U0351030

中国热带农业科学院　中国热带作物学会　组织编写

"一带一路"热带国家农业共享品种与技术系列丛书

总主编：刘国道

"一带一路"热带农业
绿色植保技术

林培群　楚小强　符悦冠　等◎编著

中国农业科学技术出版社

图书在版编目（CIP）数据

"一带一路"热带农业绿色植保技术 / 林培群等编著 . —北京：中国
农业科学技术出版社，2019.12
（"一带一路"热带国家农业共享品种与技术系列丛书 / 刘国道主编）
ISBN 978-7-5116-3417-7

Ⅰ. ①一… Ⅱ. ①林… Ⅲ. ①热带作物—植物保护—无污染技术
Ⅳ. ① S435.6

中国版本图书馆 CIP 数据核字（2019）第 284168 号

责任编辑　李　雪　徐定娜
责任校对　贾海霞

出　版　者　中国农业科学技术出版社
　　　　　　北京市中关村南大街 12 号　邮编：100081
电　　　话　（010）82109707（编辑室）（010）82109702（发行部）
　　　　　　（010）82109709（读者服务部）
传　　　真　（010）82109707
网　　　址　http://www.castp.cn
发　　　行　各地新华书店
印　刷　者　北京科信印刷有限公司
开　　　本　787 mm×1 092 mm　1 /16
印　　　张　14.25
字　　　数　303 千字
版　　　次　2019 年 12 月第 1 版　2019 年 12 月第 1 次印刷
定　　　价　68.00 元

《"一带一路"热带国家农业共享品种与技术系列丛书》

总 主 编：刘国道

《"一带一路"热带农业绿色植保技术》
编著人员

主 编 著：林培群	楚小强	符悦冠	
副主编著：王树昌	黄贵修	吕宝乾	王金辉
编著人员：李博勋	杨腊英	张方平	车海彦
陈俊谕	彭正强	赵冬香	韩冬银
蒲金基	漆艳香	胡美姣	谢艺贤
刘 奎	邱海燕	时 涛	李超萍
陈 青	卢芙萍	贺春萍	易克贤
郑金龙	陈泽坦	姜 瑛	陈泽坦
范志伟	张树珍	杨本鹏	伍苏然
龙海波	唐良德		

目　录

第九章　芒果炭疽病综合防控技术

第十章　芒果细菌性黑斑病综合防控技术

第十一章　芒果疮痂病综合防治技术

第十二章　芒果树流胶病防治技术

第十三章　芒果扁喙叶蝉综合防控技术

第十四章　蓟马综合防治技术

第十五章　桔小实蝇综合防控技术

第十六章　芒果切叶象综合防控技术

第十七章　香蕉枯萎病综合防控技术

第十八章　香蕉褐缘灰斑病综合防治技术

第十九章　香蕉黄胸蓟马综合防控技术

第二十三章　木薯朱砂叶螨综合防控技术

第二十四章　麦氏单爪螨综合防治技术

第二十五章　铜绿异丽金龟综合防治技术

第二十六章　美地绵粉蚧综合防治技术

第三十三章　剑麻茎腐病综合防控技术

第三十四章　新菠萝灰粉蚧综合防控技术

第三十五章　辣椒根结线虫病综合防控技术

橡胶树棒孢霉落叶病绿色防控技术

天然橡胶是我国重要的战略性物质资源,在国民经济建设和国家安全建设中占有重要的地位。但随着全球天然橡胶价格不断下滑,我国天然橡胶产业同样面临着严峻的挑战,尤其是在全球天然橡胶价格持续低迷的情况下,橡胶树植保问题也显得尤为突出,加之国内橡胶树病害的种类和种群结构上不断持续变化,使新发危险性病害——橡胶树棒孢霉落叶病呈现出新的流行特点,部分植胶区几乎年年爆发流行,造成许多橡胶实生苗芽接成活率低,潜在威胁加大。由多主棒孢(*Corynespora cassiicola*)引起的橡胶树棒孢霉落叶病(*Corynespora* leaf fall disease,CLFD)现已成为南亚、东南亚和中非橡胶树最具破坏性的叶部病害之一,是继南美叶疫病(South American Leaf Blight,SALB)之后第二个威胁世界天然橡胶产业的重要病害。该病在橡胶树的各个生理期均能发生,能为害橡胶幼苗、幼树和成龄树的叶片、嫩梢和嫩枝,导致叶片大量脱落、树皮爆裂、嫩梢回枯。该病在苗圃发生最为严重,造成小苗叶片形成大面积的坏死病斑甚至大量脱落,实生苗感病之后会阻碍胶苗茎杆的增粗,达不到芽接要求;染病幼树则重复落叶,导致树冠裸露,植株矮缩甚至死亡;染病开割胶树,则会降低干胶产量。因此,研发提出橡胶树叶部病害种群多样性监测、抗性利用、多效药剂、提效助剂以及高效施药技术"五位一体"的病害控制新技术,提升叶部病害综合防控专业化水平以及绿色防控技术水平,是发展天然橡胶产业的首要任务。

一、橡胶树棒孢霉落叶病早期分子检测技术

Cassiicolin 是多主棒孢病菌特有的寄主专化性毒素,也是其重要的致病因子,是区别于其他病原真菌最显著的特征。现有研究发现,不同寄主上的多主棒孢病菌存在 6 个毒素亚型,而国内多主棒孢病菌存在两种毒素亚型 Cas2 型和 Cas5 型,其中 Cas5 亚型为橡胶树上特有的优势种群。基于多主棒孢病菌 cassiicolin 基因条形码数据库(Cas5 型 Genbank:KY784691—KY784913;Cas2 型 Genbank:KY856832—KY856843),以 6 种不同毒素类型的 cassiicolin 毒素基因为靶标,构建的橡胶树棒孢落叶病的早期分子诊断技术,是目前快速准确检测橡胶树棒孢霉落叶病的有效方法(图 1-1、图 1-2)。

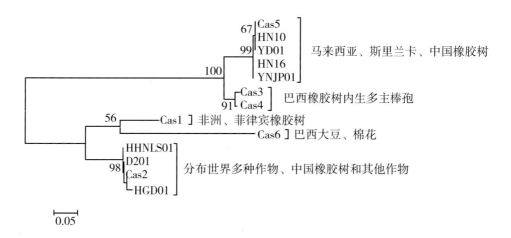

图 1-1　基于 cassiicolin 基因条形码数据库的多主棒孢种群分析

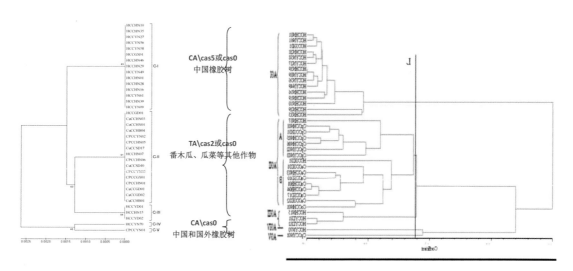

利用细胞色素氧化酶 b 基因部分序列构建系统发育树　　　利用 cDNA-AFLP 分析构建系统发育树

图 1-2　多主棒孢病菌优势种群结构分析

二、橡胶树棒孢霉落叶病监测技术

参照《橡胶树棒孢霉落叶病监测技术规程》NY/T 2250—2012 实施。根据橡胶树棒孢霉落叶病优势种群区域性发生特点，对不同监测点橡胶树苗圃地病害的发生特点、消长动态、气候环境因子、栽培模式等相关数据进行规范化整理和汇总，结合各监测点橡胶树的区域布局，及时掌握橡胶树棒孢霉落叶病在全年的发生流行特点及为害情况，通过监测数据，提出有效防范和应对措施，最大限度地减少棒孢霉落叶病造成的经济损失。

1. 监测网点的建设原则

监测范围应基本覆盖我国橡胶主产区。

监测点所处位置的生态环境和栽培品种应具有区域代表性。

以橡胶树作为监测的寄主对象，包括苗圃和大田胶园，监测品种应是对棒孢霉落叶病感病的品种。

充分利用现有的橡胶树其他有害生物监测点及监测网络资源。

2. 监测方法

橡胶园：观测点选择品种、长势、生长环境有代表性的 3 个观察树位，收集棒孢霉落叶病的病情信息数据。10 株观察树位胶树，逐一编号。在定植园的每株监测株树冠中部的东、南、西、北 4 个方向各取一枝条上的 5 片叶片，用肉眼检查棒孢霉落叶病的发生情况和估计病斑总面积（见图 1-3），统计发病程度、病情指数和落叶情况（表 1-1）。

表 1-1 棒孢霉落叶病病害等级分级标准

为害等级	为害程度
0	叶面无病斑
1	病斑面积占叶面积的 ≤ 1/8
3	1/8< 病斑面积占叶面积 ≤ 1/4
5	1/4< 病斑面积占叶面积 ≤ 1/2
7	1/2< 病斑面积占叶面积 ≤ 3/4
9	病斑面积占叶面积 >3/4

| 0 级 | 1 级 | 3 级 | 5 级 | 7 级 | 9 级 |

"圆斑 型"症状为害等级划分

| 0 级 | 1 级 | 3 级 | 5 级 | 7 级 | 9 级 |

"鱼骨状"症状为害等级划分

| 0 级 | 1 级 | 3 级 | 5 级 | 7 级 | 9 级 |

"叶缘枯"症状为害等级划分

图 1-3　橡胶树棒孢霉落叶病症状为害等级划分参照图（图片拍摄：李博勋）

　　橡胶苗圃：观测点选择品种、长势、生长环境有代表性的 3 个苗圃进行观测，按 5 点取样法随机选取 40 株苗圃植株作为监测株。在苗圃的每株监测株上随机选取 5 片叶片。

　　计算公式：发病率 =（发病株数 / 调查总株数）× 100%

　　病情指数 =（∑各病级叶片数 × 相应病级数值）/（调查总叶片数 × 最高病害级数）× 100。

3.监测频次及内容

4—11 月每 10 天应观测 1 次，12—翌年 3 月应每月观测 1 次；观测内容包括橡胶树品种、物候、树龄、发病率、病情指数、施药情况、立地条件及气象数据的收集。

4.基于"互联网 +"和多客户端手机 App 的橡胶树棒孢霉落叶病监测系统

建立了"橡胶树病虫草害基础数据库"和"橡胶树病虫草害预警监测与控制手机客户端（安卓和 IOS 系统）"系统，提出了由专家、农技人员和种植户共同组成多途径、多层次的"互联网 +"橡胶树叶部病害监测工作体系。相关数据库、网页、App 软件均免费供相关专家、农技人员和种植户下载使用，并在云南临沧镇康县、耿马县橡胶农场，海南乐东保显农场、万宁东兴农场、琼中阳江农场、澄迈红光农场、白沙大岭农场、儋州国家种质资源圃，广东茂名建设农场等主要监测点进行了应用示范（图 1-4、图 1-5）。

三、橡胶树棒孢霉落叶病抗病性评价技术

参照《热带作物种质资源抗病虫鉴定技术规程 橡胶树棒孢霉落叶病》NY/T 3195—2018 实施。明确国内橡胶树主栽品种抗病性水平（表 1-2、表 1-3）。

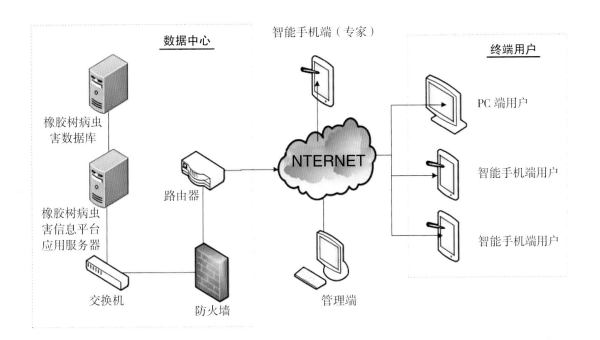

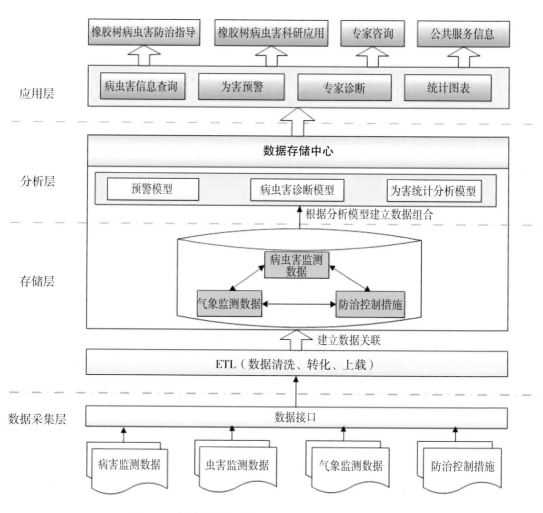

图 1-4 橡胶树叶部病害"互联网 +"病害监测工作体系

图 1-5 橡胶树叶部病害监测手机客户端

表 1-2　橡胶树棒孢霉落叶病抗病性评价分级标准

抗性水平	菌饼和孢子液点接法 /cm	毒素生物萎蔫法	喷雾接种法
高抗（HR）	病斑直径＜ 0.5	萎蔫指数＜ 10	病情指数＜ 15
中抗（MR）	0.5 ≤病斑直径＜ 1.0	10 ≤萎蔫指数＜ 20	15 ≤病情指数＜ 20
轻感（S）	1.0 ≤病斑直径＜ 1.5	20 ≤萎蔫指数＜ 30	20 ≤病情指数＜ 30
中感（MS）	1.5 ≤病斑直径＜ 2.0	30 ≤萎蔫指数＜ 40	30 ≤病情指数＜ 40
高感（HS）	病斑直径≥ 2.0	萎蔫指数≥ 40	病情指数≥ 40

表 1-3　国内橡胶主要种质对棒孢霉落叶病抗病性评价结果

橡胶种质	室内菌饼接种评价	室内孢子悬浮液接种评价	室内粗毒素生物萎蔫法评价	大田孢子悬浮液接种评价	综合抗病评价水平
IAN873	HR	HR	HR	HR	HR
文昌 11	MR	HR	HR	HR	HR
云研 277-5	HR	MR	HR	HR	HR
大丰 117	MR	MR	MR	MR	HR
热研 8-333	MR	MR	MR	MR	MR
大岭 64-36-101	MR	MR	MR	MR	MR
热研 7-33-97	MR	MR	MR	MR	MR
云研 77-4	MR	MR	HR	MR	MR
海垦 1	MR	MR	MR	MR	MR
PB260	MR	HR	MR	S	MR
针选 1 号	MR	MR	HR	S	MR
—8-333	MR	MR	HR	S	MR
大岭 68-35	MR	MR	MR	S	MR
热研 88-13	MR	MR	MR	S	MR
大丰 95	MR	MR	MR	S	MR
南华 1	MR	MR	MR	S	MR
文昌 217	MR	S	MR	MS	S
RRIC100	MR	S	MR	MS	S
保亭 155	MR	S	MR	MS	S
—6-231	S	S	MR	S	S
大丰 99	S	S	MR	S	S
云研 77-2	S	S	MR	S	S
化 59-2	S	S	S	S	S
热研 7-18-55	S	S	HS	MS	MS
RRIM712	S	S	S	HS	S
热研 8-79	S	S	MS	MS	MS
幼 1	S	S	MS	MS	MS
保亭 3410	S	MS	MS	S	MS
文昌 193	S	MS	MS	MS	MS
93-114	S	MS	S	HS	MS
热研 4（7-2）	S	S	S	HS	S

（续表）

橡胶种质	室内菌饼接种评价	室内孢子悬浮液接种评价	室内粗毒素生物萎蔫法评价	大田孢子悬浮液接种评价	综合抗病评价水平
RRIM600	S	S	S	MS	S
预测 24	S	S	MS	MS	MS
热研 2-14-39	S	S	S	HS	S
热研 7-20-59	S	S	MS	MS	MS
红星 1	MS	S	HS	HS	HS
热研 217	MS	S	MS	S	MS
保亭 911	MS	S	HS	HS	HS
海垦 6	HS	S	MS	MS	HS
—KRS13	HS	S	MS	S	MS
文昌 7-35-11	HS	MS	HS	MS	HS
保亭 032-33-10	HS	S	MS	S	MS
保亭 235	HS	S	HS	MS	HS
热研 78-3-5	HS	MS	MS	HS	HS
PR107	HS	S	HS	HS	HS
大岭 17-155	HS	S	HS	MS	HS

四、化学农药减施及专业化防控技术

基于高效、低毒且兼治橡胶树多种叶部病害的"保叶清"防治药剂的配套施药技术（无人机/直升机施药技术）（图1-6）；基于橡胶树棒孢霉落叶病区域性发生规律与主栽品种抗病性水平的农药减施技术；基于区域性气候环境和生态关键因子以及病害始发量的精准施药技术。

"保叶清"可湿性粉剂橡胶苗圃防效　　　　"保叶清"烟雾剂中小龄胶园防效

"保叶清"微乳剂航空施药及成龄胶园防效　　　"保叶清"热雾剂中小龄胶园大规模防效

图 1-6　兼治多种叶部病害的防治药剂"保叶清"的技术熟化与应用

第二章

橡胶树南美叶疫病识别与管理

一、橡胶树南美叶疫病的分布及为害

橡胶树南美叶疫病（South American Leaf Blight SALB），是橡胶树上头号危险性、毁灭性病害。该病目前仍局限在拉丁美洲自北纬18°（墨西哥的埃尔巴马）到南纬24°（巴西的圣保罗州）之间的广大地区，包括巴西、玻利维亚、委内瑞拉、哥伦比亚、厄瓜多尔、秘鲁、尼加拉瓜、苏里南、特立尼达、巴拿马、哥斯达黎加、危地马拉、洪都拉斯、墨西哥、海地。从1905年首次报道至今100多年，它摧毁过21世纪初在英属和荷属圭亚那及特里尼达的商业胶园，1933年和1943年美国礼物汽车公司在巴西建立的两大胶园也被此病摧毁，从此，中南美州的植胶业一蹶不振，每年生产的干胶只占世界总产的1%，而且主要来自野生橡胶树。几十年来，不少人曾对此病作过广泛的研究，在病原菌、流行病学、抗病育种、化学防治等方面取得一些进展，但至今仍然是热带美州国家植胶的限制因素，而且是目前世界五大潜在威胁的病害之一。

巴西的传统植胶区包括亚马逊、阿克里、马拉、巴依亚和朗多尼亚州，1984（80年的努力）种下的老胶树37 820hm²（56.73万亩，1亩≈666.67m²，1hm²=15亩，全书同），但年产干胶仅7 000t，以巴依亚州为例，该州1908年试种，1930年发病，20世纪50年代、20世纪60年代扩种，面积达2万hm²，因受南美叶疫病为害，大批胶树破损不堪，不少胶园被迫丢荒. 以后虽改接抗病品系，由于1974年开始每年进行大面积化学防治，仍不能控制此病的为害，至今大多数胶园处于半丢荒状态，1984年年产干胶不过4 500t。以面积计每亩产15kg，以割胶面积计算平均亩产37.7kg。其中都是"抗病"品系，管理水平最高，且每年都喷药的法斯道胶园，开割2 400hm²（3.6万亩），产干胶1 412t，平均亩产也只有40kg，其他几个州1.7万hm²，年产干胶仅2 000多t，可见南美叶疫病问题并没有得到解决。

二、田间发病症状

该病只为害三叶橡胶属植物，包括巴西橡胶、边沁橡胶、圭亚那橡胶、色宝橡胶和扭叶橡胶，但少花橡胶和矮生小叶橡胶抗病。细嫩的橡胶叶、花、果、枝均可染病。不同年龄的叶片染病后的症状有差别。古铜色嫩叶感病初期呈水渍状斑点，随后变成暗淡的橄榄色或青灰色，其上覆有绒毛状物。病斑少时仅叶缘或叶尖向上卷曲，未染病部分继续生长使叶变畸形；病斑多时整张叶片卷缩、变黑、脱落；迅速死亡的嫩叶呈火烧状挂在树上不落。12~20天龄的淡绿叶片感病后产生橄榄色或灰绿色斑点，病斑两面都覆有绒毛状物，叶背面多。染病未落、接近老化到1个月叶龄的叶片，在老的分生孢子病痕背面的边缘产生许多黑褐色、圆形、颗粒状的性孢子器。2~3个月叶龄的病叶、在原先产生性孢子器部位的正面，产生黑色。圆形、颗粒状成堆的子囊果。叶柄染病后呈螺旋状扭曲，病部形成癌状斑块。染病花序变黑、卷缩、枯萎、脱落。染病胶果或变黑皱缩，或形成疮痂状斑块。染病嫩枝暗色、萎缩，在病部形成癌状斑块。（图2-1~图2-6）

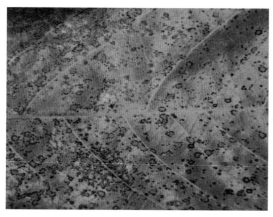

图2-1　南美叶疫病菌的子囊壳

图2-2　嫩叶上的分生孢子

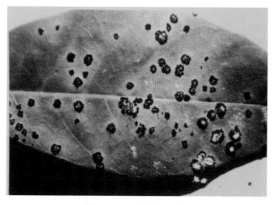

图2-3　分生孢子器

图2-4　幼嫩叶片的早期症状

图2-5　带有孢子的上部树叶变黄　　　　图2-6　感染南美叶疫病的林间症状

三、病原学

分类地位子囊菌门（Ascomycotina）, 腔菌纲（Loculoascomyeetes）, 座囊菌目（Dothideales）, 座囊菌科（Dothideaceae）, 小环腔菌属（Microcychus）, Microcyclus ulei（P.Henning）Von Arx。异名 Dothidella ulei P.Henning（1904）。

病原菌形态特征：该菌的分生孢子梗簇生、单孢、基部半圆形，长 40~70μm、宽 4~7μm，褐色，多数弯曲。分生孢子顶生，椭圆形或长梨形，幼嫩时浅色，渐变灰色，多数双胞、常扭曲，大小为（23~65）μm×（5~10）μm；单胞型大小为（15~34）μm×（5~9）μm。性孢子器黑色。炭质。圆形或椭圆形，长在病斑背面，呈乳突状凸起，直径 120~160μm，其中产生性孢子，哑铃状，大小为（12~20）μm×（2~3）μm。子囊时期的子座黑色、聚生、开放式、球形、炭质、群生于病斑正面，直径 0.3~3μm。子囊果直径 200~400μm，子囊棒状，大小为（56~80）μm×（12~16）μm，内含 8 枚双列侧生的子囊孢子。子囊孢子双胞，分隔处收缩，长椭圆形，大小为（12~20）μm×（2~5）μm。（图2-7）

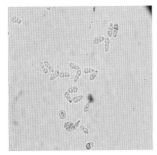
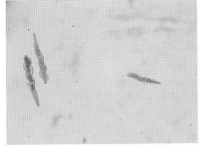
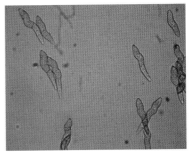

图2-7　病原菌孢子形态特征

四、南美叶疫病防控及应急预案

南美叶疫病（SALB）防控包括植物检疫、预防、根除和防治等措施。保护 APPPC 橡胶种植国免受 SALB 侵害指南的编制以 2007 年"橡胶树南美叶疫病（SALB）有害生物危险性分析"为基础，考虑了以下五个主要领域。

①利用输入要求以及入境口岸检验、实验室诊断和监视系统防止 SALB 传入亚洲及太平洋地区；②在 SALB 进入的情况下制订根除或防治计划；③制订关于检验和诊断方法、监视、根除和防治计划培训方案；④尽可能减少用于防范 SALB 的人员和设施等资源；⑤针对 SALB 计划确定协调、合作活动。

防止 SALB 传入的系统包括：制定寄主材料（包括芽接桩和芽条、种子、离体培养植物和叶片）和非寄主材料（无生命物品或非寄主有机材料、来自 SALB 流行国的旅客及其他物品）输入要求。危险性管理可以包括各种措施，如无感染检验；表面灭菌和入境后植物检疫；种子处理；以及对不可存活寄主材料的污染进行移除、破坏或热处理。支持防止 SALB 传入的操作结构包括入境口岸检验系统、实验室诊断系统和 SALB 监视系统。

橡胶种植国还应在其 SALB 保护计划范围内开发并制定根除或防治计划的应急预案，防止在一个国家发现该病害。需要制定检验、诊断和杀毒程序与监视、根除和防治措施以及工作人员管理方面的培训方案。应确定 SALB 保护计划所需的最低水平的人员和设施资源配置。

在管理国家 SALB 保护计划时，国家植物保护组织应设立一个中央委员会来负责协调活动，并确保与其他相关机构建立适当的联系以交流信息。对于区域协调计划，该委员会可以考虑成立一个 SALB 合作委员会，其活动可以得到所有成员国的支持。

橡胶南美叶疫病（SALB）是由真菌橡胶乌氏微环菌（P.Henn）引起的一种最具破坏性的橡胶树病害。它是制约南美洲橡胶生产的主要因素。如果这种病害传入亚洲和太平洋地区，势必会给当地的橡胶种植国造成巨大的经济损失。该地区各国在 1956 年制定《亚洲和太平洋区域植物保护协定》时已经认识到这一点，协定第四条和附录 B 专门就 SALB 做出规定。这些规定禁止成员国：从该地区以外的其他地区输入三叶橡胶属植物或种子；输入不能进一步生长或繁殖的三叶橡胶属植物材料（如新鲜或干燥的植物标本）；以及从 SALB 流行地区输入任何非三叶橡胶属植物，符合某些严格的植物检疫输入要求的情况除外。

在 1999 年修订协定以使其符合世贸组织《卫生和植物检疫措施实施协定》时，认为 1956 年有关 SALB 的条款与之不符。APPPC 决定应当由 APPPC 成员国就 SALB 开展有害生物危险性分析（PRA）。

SALB PRA 已经完成并在 2007 年 8 月举行的 APPPC 第 25 届会议通过（随后被称为 SALB PRA）。

南美叶疫病防控指南以 SALB PRA 为基础，为 APPPC 香蕉种植成员国防止 SALB 进入、扩散和定植提供指导。主要涵盖以下五个主要领域。

①利用输入要求以及入境口岸检验、实验室诊断和监视系统防止 SALB 传入亚洲及太平洋地区；②在 SALB 进入的情况下制订根除或防治计划；③制订关于检验和诊断方法、监视、根除和防治计划培训方案；④尽可能减少用于防范 SALB 的人员和设施等资源；⑤针对 SALB 计划确定协调、合作活动。

五、SALB 危险性管理方案

危险性管理的指导原则应当是管理危险性，以达到在现有方案和资源的范围内可以证明是合理且可行的安全程度的要求。有害生物危险性管理（分析意义上）是决定如何应对一种已知危险性、评估这些行动的有效性并确定最合理选择（ISPM 11，2004 年）的过程。任何危险性管理措施的有效性均取决于我们对疾病和危险性路径的理解和认识。根据科学实践制定的植物检疫措施基本上易于实施，经济影响微乎其微，并可灵活应对各种情况。

根据有害生物危险性分析前几章完成的危险性评估将危险性商品分为以下几类。

1. 可存活的寄主材料

一是种植植物：整株植物和插条，以及离体培养植物。

二是种子、花和果实。

可存活的寄主材料包括用于繁殖目的而输入该地区的任何植物器官，或者可以通过常规手段繁殖的植物组织。IPPC 关于种植用植物的定义包括整株植物、插条以及离体培养植物（ISPM 第 5 号，2009 年）。出于本有害生物危险性分析目的，只考虑针对芽接桩和芽条采取的措施，因为它们是最有可能在各国之间运输（以便种植）的形式。

凡是与繁殖用芽接桩和芽条输入有关的植物检疫危险性管理工作应从原产国开始。在合理与可行的情况下，应尽可能确保出口到 PRA 地区的芽接桩和芽条没有 SALB。美国农业部（USDA）动植物卫生检验局（APHIS）植物保护与检疫处（PPQ）:《国家检查员检疫手册（2006）》指出，为保证植物检验达到适当水平，应对植物的两个生长季节进行检验。因此，在芽接桩和芽条的母株进入 PRA 地区之前，应经过 SALB 症状出口前和入境后两个检验时期。

存在 SALB 和易受影响的三叶橡胶属植物的情况下，最显著的病害表达期是在新叶生长时期。因此，芽接桩和芽条应在最近经历最显著疾病表达期间且没有发现 SALB 症状的母株上采收。为了进一步减少污染的可能性，应仅在树皮已经硬化（棕色）和病害发生率低的季节（如干燥天气）采收芽接桩和芽条。出口用芽接桩和芽条长度不得超过 1m，材料需浸入适当的表面灭菌剂和内吸性杀菌剂。所有包装材料应在抵达PRA地区时销毁。

在入境检疫检查期间，植物应保存在一个既可刺激SALB表达、同时又能够限制SALB逃离设施并感染周围寄主植物的环境中。因此，在检验期间（新叶生长），为了不抑制病害表达，不应向植物施以有效抗SALB杀真菌剂。可以通过使用高度安全的检疫设施或确保在距离设施边界3km范围内没有寄主植物来实现SALB封锁。为确保尽快将被感染植物移出入境后检疫设施，应由受过培训的工作人员每天检查植物，以观察是否出现SALB感染症状。此外，具备适当资质的植物病理学家应每两周对植物进行一次检验，以核实设施工作人员的日常检查工作。

如果在检疫设施中确定出现了SALB，则应当使用适合的杀真菌剂对设施内的所有寄主植物进行杀菌处理，然后再进行一个时期的检疫检验。根据上述建议，在芽接桩或芽条从受SALB影响的国家或地区出口之前、在运往PRA地区途中和抵达PRA地区时，应对其采取以下措施。

出口前检验和处理：①母株应由具备适当资质的植物病理学家检验是否存在SALB感染症状，且结果表明没有感染SALB。检验应在采收芽接桩或芽条之前以及在病害表达最充分的时期进行；②应只在树皮硬化（棕色）和病害发生率低的季节（例如干燥天气）采收芽接桩或芽条。出口所用的芽接桩或芽条长度不得超过1米；③出口用芽接桩或芽条应以预防运输过程中可能发生感染的方式包装；④应将芽接桩或芽条浸入适当的表面灭菌剂和内吸性杀菌剂，以有效消灭橡胶乌氏微环菌；⑤应去除芽接桩上粘附的所有土壤。

到达时采取的措施：①应将芽接桩或芽条浸入适当的表面灭菌剂和内吸性杀菌剂，以有效消灭橡胶乌氏微环菌；②应将所有包装材料销毁或进行适当地消毒，并且在处理后重新包装芽接桩或芽条。

入境后检疫：①应将输入的芽接桩或芽条放置在适当的入境后检疫设施中至少生长一年，或在长出至少六次新叶之后；②应由经过专业培训的设施人员每天检验植物是否出现SALB症状，并且每两周由具备适当资质的植物病理学家进行病理检验；③如果发现任何SALB症状，应销毁表现出相关症状的植物，并且使用适用的杀真菌剂对设施内的所有其他三叶橡胶植物进行杀菌处理（可能需要六次或更多次处理）；④在植物离开检疫设施之前，应由具备适当资质的植物病理学家对设施中的所有植物应进行病理检验，以鉴别是否存在SALB感染症状；⑤只有检验表明设施内的所有植物在至少一年或长出至少六次新叶之后没有发现任何SALB感染症状，植物才能离开入境后检疫设施。

中间检疫：中间检疫提供了另一个降低危险性的方案。在橡胶种植行业使用这种机制可能会遇到一些物流、维护和财务上的问题，但是在某些特定情况下该机制可以成功运行。

离体培养植物

如果植物在无菌条件下离体培养，则离体培养植物不应被认为是橡胶乌氏微环菌进入的危险性途径。但目前离体培养并没有用于商业用途。

种子和果实

由于种子和果实材料的危险性仅与表面污染有关，因此自 SALB 地区出口的所有此类产品应在出口前进行表面杀菌。

花和果实应以表面灭菌剂（如 200mg/kg 次氯酸钠（Chee，2006））进行清洗。应选择健康的种子用于出口，以水冲洗并在福尔马林（5%）中浸泡 15min，然后用甲基托布津、苯菌灵或代森锰锌（Chee 1978；Santosand Pereira，1986）进行风干和处理。

2. 不可存活的（无生命）寄主材料

一是货物途经（包括海运、空运和邮件）。

二是旅客途经（包括随行行李）。

不可存活的寄主材料主要是寄主植物的叶或其他（易受影响的三叶橡胶属植物），其输入是有意为之或作为污染物从不知是否为 SALB 非疫国家或地区输入 PRA 地区。这类寄主材料不能通过常规手段种植。

货物途径。应对来自侵染橡胶南美叶疫病国家或地区的、可能含有或被不可存活寄主材料污染的货物进行筛查。应该制定一份简介清单，以识别最有可能含有不可存活寄主材料的货物。

可能在橡胶种植园中使用过的二手机械设备（汽车、测井设备、电锯、切割机等）等货物，应以蒸汽彻底清洗，去除体积大于 $1cm^2$ 的所有有机物；如果有不易清洁的固件，则拆卸后清洗。应对可能被有机材料污染的园艺设备等家庭用具进行检验。

任何被认为是来自易受影响的三叶橡胶类植物的有机材料，如果其大于 $1cm^2$ 且不能从货物中除去或不能被破坏（例如植物标本），应在 56℃或更高温度下进行最短 30min 的连续热处理。

旅客途径。对于来自不知是否为 SALB 非疫区旅客及随身携带的行李箱，应在其抵达后 21 天内进行可存活和不可存活寄主材料检验。应特别注意露营设备和登山靴、农用设备和装饰性植物材料等物品，这些物品更容易含有或被大于 $1cm^2$ 的不可存活寄主材料所污染。处理措施可能包括清洁、消毒或销毁。

实施处理措施后的残余危险性。虽然严格、有效地执行上述措施应能够控制 SALB 对 PRA 地区造成的植物检疫危险性，但仍然可能会出现疏忽（未被发现的危险性项目），因而导致 SALB 在该地区定植。应当建立一个有效的监测系统以期及早发现定植事件，从而有效地完成根除计划，达到全面控制残余危险性的目的。

第三章
橡胶树侵染性茎干病害防治技术

一、割面条溃疡病

1. 发生与为害

割面条溃疡病是世界性广泛分布的重要割面病害。1909 年在斯里兰卡首次发现；1961年，中国云南垦区首次发现，1962 年冬在海南东太、东兴、西庆、西联等 17 个农场首次暴发了条溃疡病，造成了几十万株胶树割面严重溃烂，致使 30 万株重病树在 1963 年被迫停割，减产干胶 450t，另有大批高产胶树在 1963 年冬季提前停割，造成当年干胶产量锐减。1964 年和 1967 年又在海南垦区大流行。1978—1980 年云南西双版纳垦区条溃疡病发生流行，因病停割的重病树达 23 万多株，年损失干胶近 800t。

2. 田间为害症状

该病害初发生时，在新割面上出现一至数十条竖立的黑线，呈栅栏状，病痕深达皮层内部以致木质部。黑线可汇成条状病斑，病部表层坏死，针刺无胶乳流出，低温阴雨天气，新老割面上出现水渍状斑块，伴有流胶或渗出铁锈色的液体。雨天或高湿条件下，病部长出白色霉层，老割面或原生皮上出现皮层隆起、爆裂、溢胶，刮去粗皮，可见黑褐色病斑，边缘水渍状，皮层与木质部之间夹有凝胶块，除去凝胶后木质部呈黑褐色。斑块溃疡病：发病部位出现皮层爆胶，刮去粗皮可见黑褐色条纹，有腐臭味（图 3-1）。

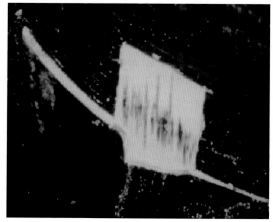

图 3-1　割面条溃疡田间症状

3. 病原学

（1）分类地位

该病原菌为卵菌门、卵菌纲、霜霉目，腐霉科，疫霉属（*Phytophthora de Bary*）的多种疫霉菌真菌，有棕榈疫霉（*P. palmivora*）、蜜色疫霉（*P. meadii*）、柑橘褐腐疫霉（*P. citrophthora*）、辣椒疫霉（*P. capsici*）、寄生疫霉（*P. parasitica*）等。其形态和生物学特性同橡胶树割面条溃疡病菌。

（2）形态特征

在 PDA 培养基上菌落为白色丝状，菌落形态为明显的玫瑰花瓣放射状。气生菌丝较少，产生孢子囊和厚垣孢子，厚垣孢子顶生或间生，直径 20~35μm。孢子囊形态变化大，为卵形、长卵形、椭圆形、近球形、梭形，大小不等（32.5~77.5）μm×（17.5~37.5）μm。成熟孢子囊释放多个游动孢子。生长温度：最适 24~26℃，最高 28~33℃。

4. 发生规律

降雨或高湿度，是病菌侵染的主要条件，尤其是持续的阴雨天气；高湿且冷凉天气容易导致病斑的扩展、树皮的溃烂。割胶刀数多、强度大、割胶过深、伤树多，割正刀，割线呈波浪形或扁担形等病重。地势低洼、密植、失管荒芜、靠近居民点的林段，病害往往发生较重。该病菌寄主范围很广，除橡胶树外，还能侵染多种热带植物。

5. 防治措施

第一，加强林段抚育管理，保持林段通风透光，降低林间湿度，保持割面干燥，使病菌难以入侵。

第二，切实做好冬季安全割胶。避免强度割胶、提高割胶技术、季风性落叶病发生的胶园安装防雨帽，坚持"一浅四不割"的冬季安全割胶措施。一浅：坚持冬季浅割，留皮 0.15cm。四不割：一是早上 8 时，气温在 15℃以下，当天不割胶；二是毛毛雨天气或割面未干不割胶；三是芽接树前垂线＜50cm，实生树前垂线＜30cm 不割，另转高线割胶；四是病树出现 1cm 以上病斑，未处理前不割。

第三，在割线上方安装防雨帽，既阻隔树冠下流的带菌雨水、露水、又能保持中、小雨帽下 80~100cm 范围茎干的树皮保持干燥，达到头天晚上下雨，第二天早上能正常割胶，还能防止雨冲胶，安帽树每年还能多割 5~6 刀，增产干胶 0.25kg，受到干部职工欢迎，被称为"安全帽、增产帽、安心帽"，安帽后，防止了雨冲胶，既减少了死皮和割面霉腐，也不需要涂施农药或少施农药，又节省了防治成本。

第四，刮去割线下方粗皮、然后涂施 5% 乙烯利水剂能提高割面树皮对条溃疡的抗性，每月一次，防效相当于 1% 霉疫净水剂，但要配合减刀和增肥措施。

第五，化学防治：在割胶季节割面出现条溃疡黑纹病痕时，及时涂施有效成分 1% 瑞毒霉或 5%~7% 乙膦铝缓释剂 2 次，能控制病纹扩展。对扩展型块斑则要进行刮治处理：

用利刀先把病皮刮除干净，病部修成近梭形，边缘斜切平滑，伤口用有效成分1%敌菌丹或乙膦铝，或0.4%瑞毒霉进行表面消毒，待干后撕去凝胶，再用凡士林或1∶1松香棕油涂封伤口。处理后的病部木质部可喷敌敌畏防虫蛀，两周后，再涂封煤焦油或沥青柴油（1∶1）合剂，并加强病树的抚育管理，增施肥料。

二、绯腐病（Pink Disease）

1. 发生与为害

1909年在印度尼西亚爪哇首次发现该病。1955年我国云南垦区首次发现该病的为害。该病主要为害胶树枝条及茎干，影响胶树生长及产胶，也可引起部分枝条干枯，甚至会导致整个树冠枯死。

2. 为害症状

通常发生在胶树树干的第二、第三分叉处。发病初期，病部树皮表面出现蜘蛛网状银白色菌索，随后病部逐渐萎缩，下陷，变灰黑色，爆裂流胶，最后出现粉红色泥层状菌膜，皮层腐烂。后期粉红色菌膜变为灰白色。在干燥条件下菌膜呈不规则龟裂。重病枝干，病皮腐烂，露出木质部，病部上方枝条枯死，叶片变褐枯萎。

3. 病原学

病原为担子菌亚门，层菌纲，非褶菌目，伏革菌属鲑色伏革菌 [*Corticium salmonicolor* Berk & Br.]。

4. 发生规律

该病菌喜高温高湿，低洼积水、隐蔽度大、通风不良的林段发病较重，3~10年生的幼龄橡胶树受害较为普遍和严重。

5. 防治措施

第一，选育抗病高产品系，抗病品种有 PB86、PR107、GT1 等。加强林管，雨季前砍除灌木、高草、疏通林段，以降低林内湿度。

第二，每年雨季进行调查，并及时进行防治。推荐使用0.5%~1%波尔多液喷药保护树干，每10~15天喷一次，直至病害停止扩展为止。发病严重的枝干用利刀将病皮刮除干净，并集中烧毁，然后涂封沥青柴油（1∶1）合剂，促进伤口愈合。

三、橡胶树茎干溃疡病

1. 发生与为害

2014年在海南省主要垦区和林段的中小龄树和开割树上普遍暴发流行一种茎杆溃疡

病，疫情十分严重。该病主要为害橡胶树茎干。感病树干树皮隆起破裂，流出胶液，韧皮部和木质部凸起且变褐；后期病斑变黑褐色，胶液顺着枝干流下，凝结成黑色长胶线，严重时病部上方的茎干和树枝干枯，甚至导致整个植株死亡。经过2014—2016年的多次调查发现，海南屯昌、琼中、万宁、保亭、三亚等地的胶园普遍发生一种新的茎秆溃疡病，23个调查点中有21个点发生该病，其中屯昌、乐东、白沙的5个点发病率高于50%，而白沙的两个调查点发病最为严重，发病率高达80%。调查发现该病病菌主要为害中小龄树（PR107、热研7-33-97）和开割树（RRIM600、PR107、热研7-33-97）的主干和大的分枝，其中中小龄树发病较严重，茎秆上常有爆皮流出新鲜胶液的溃疡病斑。

　　该病刚暴发流行时，很多人都将该病叫作橡胶树流胶病，但由于橡胶树生长中很多因素都能造成橡胶树流胶，包括侵染性流胶和非侵染性流胶。台风、寒害、虫害、日灼、农事机械损伤等均能引起非侵染性流胶。侵染性流胶研究报道较少，其中橡胶树割面条溃疡病中老割面或原生皮上有时会出现皮层爆裂溢胶现象；橡胶树绯腐病病部后期会变黑，出现流胶现象，最后出现粉红色的泥层状菌膜，皮层腐烂。因此，将该病害叫作橡胶树茎秆溃疡病更为准确。

　　2. 为害症状

　　受害植株树皮最初隆起并变为褐色，移去发病部位的树皮，可以看到内部的韧皮部和木质部同样呈凸起状且变为褐色，随着病程的发展变为黑褐色或黑色。病害发生后植株长势变弱，严重时发病部位破裂并流出白色胶乳，胶乳顺着枝干流下，凝结成黑色长胶线。严重时发病部位上方的枝干干枯，甚至整个植株死亡（图3-2、图3-3、图3-4）。

　　3. 病原菌

　　（1）病原菌分类地位

　　茄类镰刀菌（*Fusarium solani*），属真菌界，半知菌类，丝孢纲，瘤座菌目，镰孢属（*Fusarium* Link）真菌。

图3-2　受害严重的胶树枝干回枯，流出的胶乳凝结成黑色长胶线
（图片拍摄：刘先宝）

图3-3　树干韧皮部和木质部凸起且爆皮流胶（图片拍摄：刘先宝）

图3-4　左：树皮隆起破裂；中：爆皮流胶；右：韧皮部和木质部变黑（图片拍摄：周雪敏）

（2）病原菌形态特征

病原菌在PDA培养基上菌落圆形，边缘整齐，气生菌丝白色或灰白色，气生菌丝发达，多数情况下不产生色素，偶有棕紫色色素。茄类镰刀菌能产生大型分生孢子、小型分生孢子及厚垣孢子，小型分生孢子假头状着生，卵形或肾形，产孢细胞在气生菌丝上产生，为长筒型单瓶梗，少有分枝（4.36~12.23）μm×（1.99~4.93）μm；大型分生孢子马特型，两端较钝，顶端稍弯，有2~5个隔膜，（14.62~47.92）μm×（2.78~6.58）μm；厚垣孢子圆球形，顶生、间生或者串生。小型分生孢子卵形或肾形，大型分生孢子马特型（图3-5）。

4. 发生规律

该病的发生和为害受气候影响，持续的高温天气，特别是7—8月发生尤为严重。

5. 防治措施

50%咯菌腈WP对该病的防治效果最好，其次是50%多菌灵WP、50%咪鲜胺锰盐

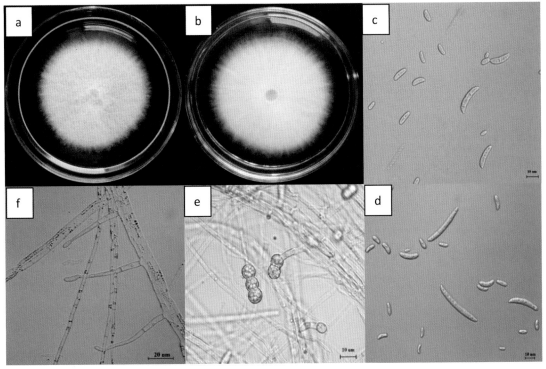

a、b：菌落正面和背面；c、d：大小型分生孢子；e：厚垣孢子；f：产孢细胞

图3-5　茄类镰刀菌菌落和孢子形态特征（图片拍摄：周雪敏）

WP 和 40% 氟硅唑 EC。同时也可以将 50% 多菌灵 WP 和 50% 咪鲜胺锰盐 WP 按 1:4 的配比混合使用，能大大提高防治效果。筛选出来的单剂或复配药剂经推荐给生产部门使用，防效良好。对于幼龄胶树，爆皮流胶部位较低且处于发病初期，建议采用涂抹药剂的方法进行防治，涂抹前，先将坏死的树皮刮除，然后将药剂涂抹到伤口上，待药剂干，再用涂封剂封口。对于成龄胶树，发病部位较高或病害大面积暴发时，建议采用高扬程喷雾进行防治，连续施药 2 次，每次间隔 7 天。

第四章

橡胶树叶部病害农药减施技术

天然橡胶是我国重要的战略性物质资源，在国民经济建设和国家安全建设中占有重要的地位。但随着全球天然橡胶价格不断下滑，我国天然橡胶产业同样面临着严峻的挑战，尤其是在全球天然橡胶价格持续低迷的情况下，橡胶树植保问题也显得尤为突出，但传统的橡胶树病虫草害防治技术在生产上的应用对环境造成了严重的威胁。近年来，橡胶白粉病、树炭疽病、棒孢霉落叶病等叶部病害呈现新的流行特点，部分植胶区几乎年年暴发流行，造成许多龄段胶树停割，产量损失严重。而橡胶树属于高大的乔木，加上环保、生态和农产品安全问题备受关注，以及热带经济作物提质增效的背景下，集成与推广橡胶树叶部病害病原菌种群多样性监测与病害控制新技术，提升橡胶产业在"两病"的综合防控及专业化水平，成为新时期橡胶树农药减施增效的首要任务。目前，在全球天然橡胶价格持续低迷的情况下，橡胶树植保问题也显得尤为突出，但传统的橡胶树病虫草害防治技术不仅劳动力成本高还会对环境造成严重的威胁。而橡胶树属于高大的乔木，加上环保、生态和农产品安全问题备受关注，以及热带经济作物提质增效的背景下，由中国热带农业科学院环境与植物保护研究所（以下简称"热科院环植所"）黄贵修研究员首次提出：橡胶树叶部病害种群多样性监测、抗性利用、多效药剂、提效助剂以及高效施药技术"五位一体"的病害控制新技术，这是提升天然橡胶产业在叶部病害综合防控专业化水平以及橡胶树农药减施增效的首要任务。

橡胶树叶部病害"五位一体"综合防控技术是结合橡胶产业发展实际需求，在已建立的中国农业行业标准《热带作物种质资源抗病虫鉴定技术规程 橡胶树炭疽病》NY/T 3197—2018、《热带作物种质资源抗病虫鉴定技术规程 橡胶树棒孢霉落叶病》NY/T 3195—2018、《热带作物种质资源抗病虫鉴定技术规程 橡胶树白粉病》NY/T 2814—2015的基础上，研发针对我国橡胶主产区叶部病害种群监测、区域性发生规律；主栽品种抗病性水平；兼治橡胶树多种叶部病害的多效防治药剂；提效助剂以及高效的施药技术。通过"同立项、同攻关、同转化"的合作模式，以热科院环植所自主研发的兼治橡胶树多种叶部病害专用药剂"保叶清"超低容量微乳剂和航空专用植物油助剂"热飞"两个中试产品，结合深圳华亚科技有限公司（以下简称"华亚科技"）FBH300无人飞行器的现代航空植保施药技术手段，共同建立橡胶树叶部病害高效低毒化学农药无人直升机飞防技术模式与示范推广平台。

　　橡胶树叶部常见病害的症状见图 4-1 至图 4-3。

图 4-1　橡胶树白粉病田间发病症状（图片拍摄：李博勋）

图 4-2　橡胶树胶孢炭疽和尖孢炭疽引起的症状（图片拍摄：李博勋）

图4-3　橡胶树棒孢霉落叶病田间发病症状（图片拍摄：李博勋）

一、橡胶树叶部病害检测及监测技术

1. 监测技术

病害早期准确诊断为制定科学防治方法具有重要意义。传统的病害诊断主要依据病害典型症状及病原菌形态进行，对于未见典型症状，或症状相似等病害不易区分。病害的识别和病原菌的鉴定已不再是单纯的依靠症状和菌体形态等表观特征，而是采用了一些新兴的分类鉴定技术作为辅助手段，使真菌的分类鉴定变得更快捷、更准确。

橡胶白粉病菌是一种气候型流行病，造成病害流行程度的差异，除了天气状况和橡胶树物候是影响白粉病流行的主要因素外，病原菌初侵染菌量对病害的流行也有较大影响。病害显症后再进行病害预测往往时间有所滞后。病害发生早期橡胶白粉病菌量的确定对预测预报具有重要意义，生产上急需能提早准确诊断白粉病菌的技术。另外，橡胶树白粉病发生后期的褐色组织坏死斑时常被误认为是其他病害所致，橡胶白粉病发病期间遇到高温天气，容易形成的黄斑与红斑容易被误认为生理性病害。因此，橡胶树白粉病快速分子检测技术和早期诊断技术对白粉病流行预测预报和指导该病流行具有重要意义。橡胶树炭疽病病原有两种复合群，二者在菌落颜色、分生孢子形态、基础生物学特性、遗传多态性、抗药性以及在叶片上的为害症状都存在丰富的差异性。从症状类型上基本分不清橡胶炭疽病是哪类群引起，炭疽菌种内各菌株之间形态差异较大、一些近似种间差异微小、且形态特征易受环境因子的影响等，这些不稳定性给炭疽菌的准鉴定造成了很大的困难。目前国内外有采用简并引物检测炭疽菌，但现有的引物只能鉴定到类群，如可区分胶孢炭疽菌复合群和胶孢炭疽菌复合群，不能鉴定到种。近年来炭疽菌主要采用多基因序列分析法，该方法可准确将炭疽菌鉴定到种，但是多基因序列的分析法需要耗时较多，且花费较大，不能满足实际需求。因此，基于前期基础，继续努力建立病原菌的快速简便准确的检测技术仍具有重要意义。

2. 监测技术

针对橡胶树主要叶部病害监测预报技术逐步不适应产业发展需求，适时和精准用药基础研究支撑不足等产业需求，以白粉病、炭疽病、棒孢霉落叶病等主要叶部病害为研究对象，创新了叶部病害基于优势种群及其生物学特性的监测预报技术，研发新发危险性病害——棒孢霉落叶病优势种群、个体变化与抗药性长期监测技术，有效监测橡胶树主要叶部病害发生疫情。

（1）橡胶树白粉病

在代表性橡胶植胶区设定白粉病病固定监测点，通过气象数据收集，寄主物候期、菌量变化数据（定量分析），记录橡胶树棒孢霉落叶病全年消长动态。通过橡胶树白粉病发生、发展的时间和空间的消长动态规律分析，确定橡胶树白粉病发生的关键因子。利用历年积累的越冬菌量、物候和气象资料等为自变量，以最终病情为因变量，建立橡胶树白粉病的预测预报模型。

监测点的设置：监测点的布局应充分考虑和利用现有的橡胶树其他有害生物监测点及监测网络资源。结合多年橡胶树棒孢霉落叶病病情调查，在橡胶树主产区云南、海南、广东分别设立固定监测站，每个监测站设立 2~5 个监测点。

空气中粉孢的定量分析和气象数据采集：在病害发生期，使用 Burkard 定容式孢子捕捉器（英国 Burkard 公司）捕捉空气中粉孢，连续 14 天对空气中的孢子进行收集。并在显微镜下对收集到的孢子进行计数，根据公式转换成每天每立方米空气中粉孢的浓度。监测点的是气象数据由当地的气象站提供，气象数据包括每小时的温度、相对湿度、风速、降水量、大气压和太阳辐射等，然后将每小时的气象数据计算获得每天的平均温度、平均相对湿度、平均风速、降水量、平均气压和平均太阳辐射。

时间序列分析：以空气中的孢子浓度、橡胶树物候和监测点的气象资料等为自变量，以最终病情为因变量，建立橡胶树棒孢霉落叶病的预测预报模型。利用 Real-time PCR 技术对捕捉器上的多主棒孢菌分生孢子数进行了定量检测，进一步用来计算空气中多主棒孢菌分生孢子浓度，其准确性高，数据获取时间短，特异性强，可对空气中的孢子进行定量检测。

（2）橡胶树炭疽病和棒孢霉落叶病

参照《橡胶树棒孢霉落叶病监测技术规程 NY/T 2250-2012》实施。

● 监测网点的建设原则。①监测范围应基本覆盖我国橡胶主产区；②监测点所处位置的生态环境和栽培品种应具有区域代表性；③以橡胶树作为监测的寄主对象，包括苗圃和大田胶园，监测品种应是对棒孢霉落叶病感病的品种；④充分利用现有的橡胶树其他有害生物监测点及监测网络资源。

● 监测方法。①橡胶园：观测点选择品种、长势、生长环境有代表性的 3 个观察树位，收集棒孢霉落叶病的病情信息数据。10 株观察树位胶树，逐一编号。在定植园的每株监测株树冠中部的东、南、西、北 4 个方向各取一枝条上的 5 片叶片，用肉眼检查棒孢霉落叶病的发生情况和估计病斑总面积（图 4-1），统计发病程度、病情指数和落叶情况（下表）。②橡胶苗圃：观测点选择品种、长势、生长环境有代表性的 3 个苗圃进行观测，按 5 点取样法随机选取 40 株苗圃植株作为监测株。在苗圃的每株监测株上随机选取 5 片叶片。

表 棒孢霉落叶病病害等级分级标准

为害等级	为害程度
0	叶面无病斑
1	病斑面积占叶面积的 ≤ 1/8
3	1/8 ＜病斑面积占叶面积 ≤ 1/4
5	1/4 ＜病斑面积占叶面积 ≤ 1/2
7	1/2 ＜病斑面积占叶面积 ≤ 3/4
9	病斑面积占叶面积 ＞ 3/4

计算公式：发病率 =（发病株数 / 调查总株数）×100%

病情指数 =（∑各病级叶片数 × 相应病级数值）/（调查总叶片数 × 最高病害级数）×100。

● 监测频次及内容。

4—11 月每 10 天应观测 1 次，12 月—翌年 3 月应每月观测 1 次；观测内容包括橡胶树品种、物候、树龄、发病率、病情指数、施药情况、立地条件及气象数据的收集。

二、橡胶树叶部病害农药减施技术

针对橡胶树叶部病害防治药剂持久、单一、高效利用不充分，盲施及防治成本居高不下等产业问题，研究叶部病害—环境条件—药—树协同机制和农药减施潜力，制定农药限量标准和病害防治指标，并在已研发的"保叶清"橡胶树专用药剂及剂型的基础上，结合已建立的中国农业行业标准《热带作物种质资源抗病虫鉴定技术规程 橡胶树炭疽病》NY/T 3197—2018、《热带作物种质资源抗病虫鉴定技术规程 橡胶树棒孢霉落叶病》NY/T 3195—2018、《热带作物种质资源抗病虫鉴定技术规程 橡胶树白粉病》NY/T 2814—2015，研发针对我国橡胶主产区叶部病害种群监测、区域性发生规律；主栽品种抗病性水平；兼治橡胶树多种叶部病害的多效防治药剂；提效助剂以及高效施药技术等"五位一体"的橡胶树叶部病害防控技术。采用航空植保施药技术，研制相应的航空植保专用药剂，并根据药效试验结果、旋翼机型和施药器械等参数以及航空施药效果，进一步优化制剂配方和作业参数，实现橡胶树航空植保专业药剂（专用药剂、专用助剂）的研制与标准化、精准化使用，该技术属于国内同类产品的领先技术。

三、基于内源微生物的免疫诱抗关键技术

针对橡胶树种植新环境、新模式导致叶部病害种群及致害规律及机理更加复杂多变，新病害出现且潜在威胁加大，生态利用（有益微生物利用、免疫诱抗、抗病种苗/品种利用）与调控相关研究及利用不足等产业问题，在已有免疫诱抗剂研发及抗病种质鉴选利用基础上，利用新型免疫诱抗剂及抗病育种新材料，继续研发免疫诱抗及抗病种苗生产关键技术。

多旋翼无人机在橡胶苗圃施药技术熟化见图4-4。无人直升机在橡胶林地施药技术熟化见图4-5。

图4-4　多旋翼无人机在橡胶苗圃施药技术熟化
（图片拍摄：李博勋）

图4-5　无人直升机在橡胶林地施药技术熟化
琼中阳江农场（图片拍摄：深圳华亚科技有限公司）

第五章

橡胶树死皮病综合防治技术

一、分布与为害

橡胶树死皮病是世界植胶国家普遍发生、为害极大的一种病害。在1913—1923年，印度、马来西亚和印度尼西亚出现了大量死皮病，引起了很大恐慌。自发现死皮病以来，人们一直在不断地研究和探索死皮的起因和发病机理。一个多世纪来，人们并没有解决这一世界难题，尤其是在新开发出的早熟橡胶高产品系中更为严重，死皮率在正常割胶情况下仍超过平均数。在我国因橡胶树褐皮而停割的树占开割树的20%以上，有的甚至高达40%，每年因此病所造成的经济损失达20亿元以上，并且病情呈发展趋势，已严重影响到我国天然橡胶基本安全供给。

二、田间症状

死皮病是天然橡胶生产中出现的一种割面症状，表现为割线局部或全部不排胶。"死皮病"是中国的一种习惯性说法，而国际上常称为"Tapping Panel Dryness"，简称"TPD"，译为"割面干涸"。因该病害发生时在割面上常伴有褐色斑点、斑纹出现，因而又称为褐皮病（brown bast），也称为树皮坏死（bark necrosis）或树干韧皮部坏死（trunk phloem necrosis）。

此病病症表现多样，罹患死皮的橡胶树割线，初期呈灰暗色水渍状、割线上胶乳减少、割线断断续续、胶乳停排，胶管内缩，严重时树皮产生褐色斑点、斑纹，病皮干枯，爆裂脱落，割面变形，割面及韧皮部坏死等现象（图5-1）。

三、病　原

造成橡胶树死皮病的原因很多，目前国际上尚无统一认识。总体分为生理性死皮和病理性死皮，生理性死皮主要是由于强度割胶、品系遗传性、乙烯利刺激强度太大、频率过高等引起，病理性死皮是由是由类立克次氏体所引起，在胶园中生理性和病理性死皮常常相伴发生。该病害经常在高产品系、高产林段、高产树位或高产单株上发生严重。

割胶强度：褐皮病的发生与割胶强度，特别是割胶频率关系密切。割胶强度过大，会降低橡胶树的抵抗能力，可能引起诱发褐皮病的发生。

乙烯利刺激强度太大、频率过高。

品系遗传性：橡胶实生树褐皮病的发生率比无性系高，而无性系中不同品系的抗病性也有不相同，如RRIM707、RRIM600死皮也较严重，GT1、PR107、PB86次之，RRIM518较轻。

地理环境：褐皮病在我国植胶区有自北向南逐渐加重的趋势。这种发病现象的存在，生理学者认为是由于割胶刀次不同所引起的；病理学者则认为，除割胶年刀次差异的原因外，可能还与割胶期间的气温、菌体及虫媒的活动有关。橡胶树死皮病症状见图5-1、橡胶树死皮病病原类立克次氏体见图5-2。

图5-1　橡胶树死皮病症状（罗大全提供）

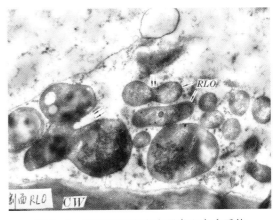

图5-2　橡胶树死皮病病原类立克次氏体
（陈慕容提供）

四、发生特点

橡胶树死皮病的发生具有以下几个特点。

发病方向与乳管的走向一致，早期病灶多由割面的右上方向左下方扩展，纵向扩展大于横向扩展。

发病的部位与割线的排胶影响面直接相关，向下割（阳刀）死皮向下扩展，直至根部；向上割（阴刀）则向上扩展，直至分枝。

两个割面之间的扩展，以相邻树皮的斜向扩展为主，两个割面相距越近，扩展率越高。但是，原生皮病灶难以扩展到再生皮，再生皮病灶也难以扩展到另一个再生皮割面，通常原生皮病灶只能在原生皮上扩展。

乳管系统的坏死是不可逆的，在死皮的病灶范围内，由于胶乳凝固堵塞，是无法在原位恢复正常产胶的。某些干涸的割线，因乳管坏死范围较小，可将干涸的树皮割掉，然后在原割线继续轻度割胶。而一些死皮病，病灶范围较大，病斑往往扩展到根部，这种病灶必须及时进行隔离或刨皮处理，才能转换割面割胶。

五、防治技术

橡胶树死皮病的综合防控应坚持"以防为主，防重于治"的原则，处理好管、养、割三方面的关系。

1. 刨皮法

即择晴天用弯刀刨去病部粗皮，然后再刨至砂皮内层，为了使未刨净的病斑自行脱落，可用0.5%的硼酸涂抹伤口，几天后要及时拔除凝胶以防积水。

2. 剥皮法

在离病灶范围5~7cm处，用胶刀开一支水线，深度到水囊皮，然后尖刀把病皮从形成层以外剥掉。但不可碰伤形成层。长出新皮后就可恢复割胶。注意的是：此方法宜在4~7月间择晴天进行，树皮才易恢复。

3. 去除表层病皮并涂上热焦油

在去除病皮后，再在上面涂上热焦油。

4. 开沟隔离病皮

目的是防止病部扩大。具体方法是：在病部和健部处，从健部下刀，用利刀开一条沟，使病部和健部隔离，避免病情扩展。这种割前隔离是小胶园控制割面死皮经常采用的方法。割前隔离是一种有效的预防措施，每年隔离一次的效果比一次性隔离好，防病效率提高50%~76%。也可将开沟隔离、刮皮并使用棕油+敌菌丹混合剂涂封结合的措施，该措施的死皮恢复率可达85%。

5. 农业防治

严格控制采胶制度，降低割胶强度，加强采胶技术的管理，做到割胶和养树相结合，避免强割胶和雨冲胶；加强胶园管理，施足化肥、有机肥，消灭林段荒芜，使林段通风，提高胶树的抗病力。对病树则根据发展情况及严重度控制割胶强度和刺激强度，无法恢复的割面转高部位割胶。

6. 化学防治

四环素族抗生素是目前防治橡胶树死皮病最有效的化学药剂，重点保护开割幼树，在控制采胶强度，加强田间管理的前提下，四环素族抗生素对保护开割幼树的防治效果达差异显著水平以上，对1-3级中、轻病树有较好的抑制和治疗作用。施用四环素族抗生素防治死皮病，1–3 级病树发病率下降 2%，而不涂药的对照发病率上升 21.8%。在中、老龄停割病树复割部位上施用四环素族抗生素，能在一定程度上抑制病状扩展，延缓病情发展。而且该药剂可以与乙烯利混合涂施，节约了劳动力和时间，从而降低防治成本。

附：橡胶树死皮病病情的分级标准

0 级——健康。

1 级——病斑长度 2 cm 以下。

2 级——病斑长度 2cm 或占割线长度 1/4。

3 级——病斑长度占割线长度 1/4 至 1/2。

4 级——病斑长度占割线长度 1/2 至 3/4。

5 级——病斑长度占割线长度 3/4 至全线死皮。

第六章

六点始叶螨综合防治技术

一、名 称

六点始叶螨［*Eotetranychus sexmaculatus*（Riley）］又名橡胶黄蜘蛛，英文名 Six-spotted mite，属蛛形纲（Acachnida）、蜱螨亚纲（Acari）、真螨目（Acariformes）、前气门亚目（Prostigmata）、叶螨总科（Tetranychoidea）、叶螨科（Tetranychidae）、始叶螨属（*Eotetranychus*）（图 6-1）。

图 6-1　六点始叶螨（陈俊谕提供）

二、形态识别

卵：卵圆形，直径为 0.11~0.13mm。初产时无色透明，后变为淡黄色，孵化时为灰白色。

幼螨：体长为 0.12~0.14mm，近圆形，淡黄色，足 3 对，体背无黑斑或黑斑不明显。

若螨：体长为 0.20~0.35mm，体浅黄色，足 4 对，形似成螨。

雌成螨：体长为 0.34~0.46mm，体椭圆形，中部稍宽，后端略圆，大多数背部有 6 个不规则黑斑，部分有 4 个黑斑。

雄成螨：体长为 0.25~0.31mm，体瘦小、狭长。腹部末端稍尖。足较长，背面有不规则黑斑（图 6-2）。

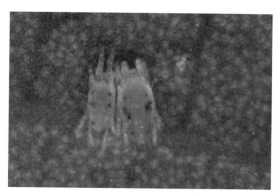

图 6-2　六点始叶螨成螨
（左：雄成螨；右：雌成螨）（陈俊谕提供）

三、分布与为害

该螨在国外分布于日本、美国和新西兰等国家；国内分布于广东、广西^①、海南、云南、四川、湖南、江西和台湾等地。该螨食性杂，能为害橡胶、柑橘、油桐、腰果、茶树、番石榴、台湾相思、苦楝和菠萝蜜等20多种经济植物和野生植物。

该虫为害主要是以口针刺入植物组织吸取细胞液和叶绿素。其症状表现为开始时沿叶片主脉两侧基部为害，造成黄色斑块，然后继续扩展至侧脉间，甚至整个叶片，轻则使叶片失绿，影响光合作用，重则使叶片局部出现坏死斑，严重时叶片枯黄脱落，并形成枯枝，致使胶园停割，影响产量。症状详见图6-3至图6-5。

图6-3　为害橡胶老叶（陈俊谕提供）

图6-4　为害橡胶嫩梢（陈俊谕提供）

图6-5　为害导致整株叶片枯黄（陈俊谕提供）

---

① 广西壮族自治区，简称广西；西藏自治区，简称西藏；新疆维吾尔自治区，简称新疆，全书同。

四、生物学及发生规律

六点始叶螨世代发育历经卵、幼螨、一龄若螨、二龄若螨和成螨等虫态。在进入一龄若螨、二龄若螨和成螨期之前各有一个静止期,其静止期 12 天左右,这时,各足跗节向内弯曲,蜕皮时在第二对和第三对之间横式裂开。大多数先蜕下身体后半部分的皮,再蜕前半部分。每次蜕皮历时 1~5min 不等。皮白色,黏于叶背面。雌螨在最后一次静息时,就有雄螨守候等待交配。每次交配时间为几十秒钟至几分钟。每头雄螨可以进行多次交配。该螨在室温 20~30℃间完成 1 个世代发育需 14~17 天,成螨期 10~31 天,产卵量 12~39 粒。成螨和若螨能吐丝,为害严重时橡胶叶背面能看到许多丝网。成螨的活动力强,特别是气温较高时,爬行较快。雌螨每小时能爬行 3~5m,雄螨每小时能爬行 6~9m。

六点始叶螨在海南、云南、广东等植胶区无越冬现象,冬季仍在未脱落的胶叶上或少量在已落叶的橡胶树枝条芽鳞上继续为害,大部分则随橡胶树冬季落叶而迁移到地面附近的小灌木、杂草和台湾相思等防护林上栖息取食。每年开春随着温度的上升,橡胶树开始萌动抽叶,六点始叶螨从枝条或其他寄主转移到新抽的胶叶上繁殖为害,螨的数量随橡胶树新抽胶叶的老化而增加。在海南,4—5 月和 10—11 月分别为全年六点始叶螨发生的第一高峰期和第二高峰期;在云南,7 月和 10 月分别是六点始叶螨发生的第一高峰期和第二高峰期。

五、监测技术

监测方法分为随机调查法和定点定期调查法。

1. 随机调查

调查时间和次数:每年 4—11 月,六点始叶螨易暴发期间,每月分别于上、中、下旬调查 3 次,每年 12 月份至翌年 3 月,每间隔 1 个月调查 1 次。

调查方法:沿着橡胶树林中方便路线随机观察。发现为害状后随机取 10 片叶,用放大镜检查统计虫口数,并估测和记录发生面积。

2. 定点定期调查

调查时间和次数:每年 4—11 月,六点始叶螨易暴发期间,每月定调查 3 次,每年 12 月至翌年 3 月,每月调查 1 次。

调查方法:在有代表性的固定林段的东南西北中 5 个方位各随机调查 2 株橡胶树,在树冠中下部的东、南、西、北方位随机取 10 片叶,用放大镜检查六点始叶螨,统计虫口数量,并统计调查株出现受害斑、黄化及落叶等症状的叶片数量,根据虫口数量及为害症状进行虫情分级。

六、防治技术

1. 农业防治

减少虫源。避免选用六点始叶螨的中间寄主树种台湾相思等作为防护林，以减少六点始叶螨冬季的生活场所，从而降低其翌年发生基数。

提高胶树的抗虫性：加强对橡胶树的水肥管理，做好保土、保水、保肥和护根，增施农家肥料和复合肥，提高橡胶树抵抗病虫害的能力。

控制采胶。对中度为害的开割树要降低乙烯利使用浓度或停施乙烯利，达到重度为害的胶树要及时停割。

2. 生物防治

保护与利用天敌：胶园生态系统比较稳定，天敌十分丰富，调查到六点始叶螨天敌昆虫有 16 种，包括钝绥螨、长须螨、食螨瓢虫、草蛉及寄瘿蚊等类群。其中捕食螨数量最多，平均每叶可达 0.4~0.6 头，对害螨有很大的控制作用，因此应注意胶园自然天敌的保护利用。

天敌释放：通过人工扩繁天敌，将拟小食螨瓢虫、捕食螨等优势天敌释放到六点始叶螨发生的橡胶园。释放时期为当每叶片平均有六点始叶螨 2~3 头时开始释放，天敌释放期间避免施用杀虫剂。详见图 6-6 至图 6-8。

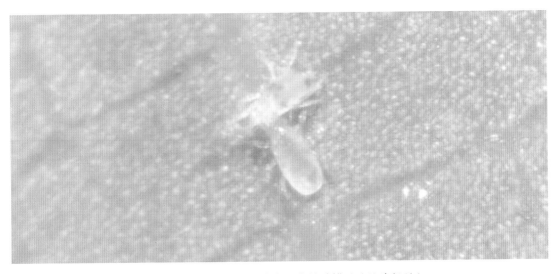

图 6-6　巴氏新小绥螨捕食六点始叶螨（陈俊谕提供）

图 6-7　拟小食螨瓢虫幼虫（陈俊谕提供）

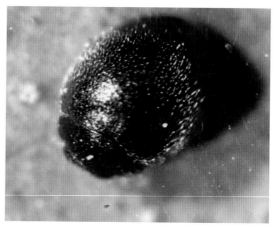

图 6-8　拟小食螨瓢虫成虫（陈俊谕提供）

3. 化学防治

可选用 1.8% 阿维菌素（2 500~3 000 倍液）、15% 哒螨灵（2 000 倍液）、73% 克螨特（2 000~2 500 倍液）、5% 尼索朗（2 000 倍液）等低毒药剂进行防治。螨害发生在苗圃或幼树上时可采用普通喷雾器喷雾法防治；螨害发生在开割树上，喷雾器无法将药液喷到受害部位时，需要采用烟雾法，可选用 15% 的哒螨灵热雾剂、15% 克螨特热雾剂、15% 哒·阿维热雾剂和 15% 克螨特热雾剂等按 200ml/ 亩的用量用烟雾机喷施烟雾剂，药液经高温挥发后被气流吹到橡胶树叶层，沉降于叶片上，害螨取食后，可将其杀死。施药时需要观察，若害虫密度达到 6 头 / 叶以上时要对中心病株和重发病株进行防治，在第一次施药后 6~7 天观察虫口数量决定是否需要再次防治，大暴雨后也需要观察虫口数量决定是否防治。

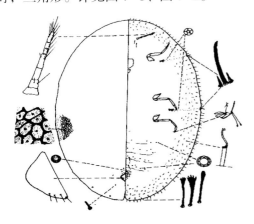

第七章
橡副珠蜡蚧综合防控技术

一、名　称

橡副珠蜡蚧（*Parasaissetia nigra* Nitner）又名橡胶盔蚧、乌黑副盔蚧，属同翅目蚧总科蜡蚧科副珠蜡蚧属（Parasaissetia Takahashi），由于属级变动也曾被归为珠蜡蚧属（Saissetia Deplanches）而称为（S. nigra Fernsld）

二、形态识别

雌成虫体长 3~6mm，椭圆形，背部隆起，体被暗褐色至紫黑色蜡壳，较硬，产卵期有光泽。刺吸式口器，内口式，位于前体的腹面，足正常大小，分节正常，胫节略长于跗节，爪下无齿，跗冠毛 2 根，爪冠毛 2 根，细长，端部膨大。气门洼 4，不明显。肛板一对，三角形。详见图 7-1、图 7-2。

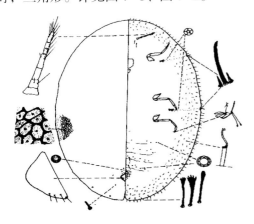

图 7-1　橡副珠蜡蚧形态特征

图 7-2　枝条上的橡副珠蜡蚧

三、分布与为害

橡副珠蜡蚧分布于日本、印度、斯里兰卡、马来西亚、菲律宾、以色列、埃及、西班牙、刚果、澳大利亚、美国、秘鲁、洪都拉斯、南非、巴基斯坦等多个国家，国内分布于海南、云南、广东、福建及台湾等地。

该虫为多食性害虫，寄主植物的种类多达95科，我国已记录的寄主植物有36科160种以上。该虫主要为害起源于热带的园林植物，如榕属和木槿属的植物，同时也为害农作物，如香蕉、木薯、番荔枝、柑橘、咖啡、棉花、巴豆、番石榴、杧果、木瓜等（图7-3、图7-4）。

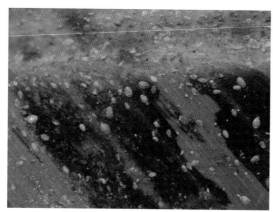

图7-3　为害香蕉

图7-4　为害木薯

橡副珠蜡蚧对橡胶的为害主要是以成虫和若虫用口针刺吸、取食橡胶树幼嫩枝叶的营养物质，从而影响橡胶树的生长。由单头虫引起的为害较小，但是虫口数量大时，则会造成枯枝、落叶（图7-5），严重时整株枯死（图7-6）。其次，橡副珠蜡蚧还会分泌大量蜜露，诱发煤烟病（图7-7），使橡胶树枝叶被煤污物覆盖。当橡副珠蜡蚧大发生时，其介壳密被于植株的表面，严重影响橡胶树的呼吸和光合作用。

图7-5　为害致胶树大量落叶

图7-6　为害致胶树顶端枯死

图7-7　为害诱发煤烟病

四、生物学及发生规律

橡副珠蜡蚧营孤雌产生殖，世代重叠。发育经卵、一龄虫、二龄虫、三龄若虫发育至成虫（图7-8至图7-12），温度适宜时2个月左右可完成1代，在海南和云南1年可完成4~5代。该虫在高温干旱季节易暴发成灾。该虫一年内有3个繁殖高峰期，时间分别在每年的3—4月、6—7月和9—10月。其中3—4月，虫态较为整齐，是防治的最佳时期，其他繁殖高峰期世代重叠比较明显。在海南和云南的版纳地区，由于温度较高，冬天仍能较慢地生长发育，没有越冬现象，冬天各个虫态均可见。橡副珠蜡蚧的分布、发生数量和为害程度与橡胶园的环境条件，如温度、地势、降雨、橡胶树物候、长势和天敌等密切相关。

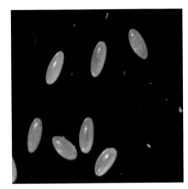
图 7-8　卵

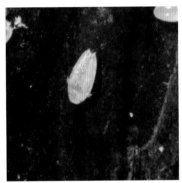
图 7-9　一龄若虫

图 7-10　三龄若虫

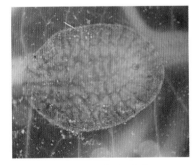
图 7-11　初期成虫

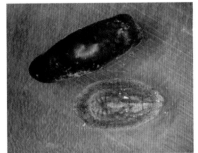
图 7-12　枝叶上的成虫对比

五、监测技术

监测方法有固定监测法、随机监测法。监测点的选取要充考虑橡胶品种（系）、树龄、立地环境及管理水平。调查方法为随机选取10株橡胶树调查株，每株按东、南、西、北四个方位各剪1条一年生枝条，调查该枝条从顶端算起第1蓬叶和第2蓬叶之间的橡副珠蜡蚧虫口数量。监测次数为 2 月 ~10 月监测 2 次，11 月至翌年 1 月第平监测 1 次。

六、防治技术

1. 植物检疫

在截取芽条、苗木调运前应注意观察，严禁截取有橡副珠蜡蚧的芽条和苗木的调运。

2. 农业防治

加强胶林的管理，提高橡胶树的营养状况，增强其对虫害的免疫能力。搞好胶园卫生，注意胶树枯、弱枝和细枝的修剪及除去有虫枝条和林间杂草等。

3. 生物防治

（1）保护利用天敌

在自然界，橡副珠蜡蚧的天敌资源比较丰富，有寄生蜂、草蛉、褐蛉、捕食性瓢虫及寄生菌等类群，应重点保护利用副珠蜡蚧阔柄跳小蜂、斑翅食蚧蚜小蜂和纽绵蚧跳小蜂等寄生蜂（图 7-13 至图 7-16），当田间寄生率达 30% 以上时可依靠天敌的自然控制作用。在大暴发时应选用对天敌低毒的防治药剂进行控制，如溴氰菊酯、三氟氯氰菊酯等药剂。

图 7-13　枝条上的蚧虫幼虫被寄生蜂寄生

图 7-14　叶片上的蚧虫幼虫被寄生蜂寄生

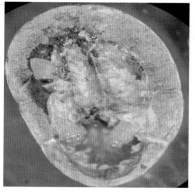

图 7-15　蚧虫成虫被寄生蜂寄生

图 7-16　蚧虫被寄生蜂感染

（2）助迁天敌

从天敌密度高的区域采集斑翅食蚧蚜小蜂、副珠蜡蚧阔柄跳小蜂和纽绵蚧跳小蜂等天敌褐蛹到橡副珠蜡蚧密度高但缺少天敌的区域进行释放。助迁次数为2~3次。

（3）扩繁、释放寄生性天敌

将室内扩繁副珠蜡蚧阔柄跳小蜂、日本食蚧蚜小蜂等寄生性天敌释放到橡副珠蜡蚧发生的橡胶园，释放方法为每3株悬挂一个放入寄生蜂蛹的放蜂器，每隔10天释放1次，连续释放3次。释放天敌时严格控制施用杀虫剂。详见图7-17、图7-18。

4. 化学防治

防治主要采用的施药方法有喷雾法、热雾法。

喷雾法（主要用中、幼林及苗圃）：一般在晴天的上午及下午16:00时以后施药。每亩可选用爱本（氟啶虫胺氰·毒死蜱）10mL对水15kg、20%敌介灵EC75mL对水60kg、48%毒死蜱75mL对水60kg、2.5%功夫20mL对水60kg进行防治。

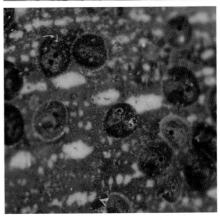

图7-17　室内大量扩繁寄生蜂

图7-18　释放寄生蜂后长出新叶

烟雾法（主要用于开割林）：于晴天的凌晨3—4时开始施药。可选用15%噻·高氯热雾剂按200ml/亩、介螨灵用量进行防治。

第八章

橡胶树桑寄生综合防控技术

橡胶树桑寄生，即是橡胶树桑寄生科植物的总称，世界植胶区橡胶树桑寄生科植物大约有 7 属 14 种 1 变种，主要分布在亚洲和非洲植胶区，严重为害橡胶树的生长和产量。

一、种类与分布

鞘花属：鞘花 *Marcosolen cochinchinensis*（Loureiro）Van Tieghem，分布于海南、广东和云南橡胶树上，不丹、柬埔寨、印度、印度尼西亚、马来西亚、缅甸、尼泊尔、新几内亚、锡金、泰国和越南均有分布。

桑寄生属：① *L. casuarineae* Ridl.，② *L. crassipetalus* King，③ *Loranthus globosus* Roxb.，均分布于马来西亚橡胶树上。

离瓣寄生属：离瓣寄生 *Helixanthera parasitica* Loureiro，即五瓣寄生，分布于海南、广东和云南橡胶树上，柬埔寨、印度东北部、印度尼西亚、老挝、马来西亚、缅甸、尼泊尔、菲律宾、泰国和越南均有分布。

五蕊寄生属：五蕊寄生 *Dendrophthoe pentandra*（Linnaeus）Miquel，分布于广东、广西和云南橡胶树上，柬埔寨、印度东部、印度尼西亚、老挝、马来西亚、缅甸、菲律宾、泰国和越南均有分布。

梨果寄生属：①锈毛梨果寄生 *Scurrula ferruginea*（Jack）Danser，即 *L. ferrugineus* Roxb.，分布于云南橡胶树上，柬埔寨、印度尼西亚、老挝、马来西亚、缅甸、菲律宾、泰国和越南均有分布。②红花寄生 *S. parasitica* L.，也叫桑寄生，分布于海南、广东、广西和云南橡胶树上，印度尼西亚、马来西亚、菲律宾、泰国和云南均有分布。③小红花寄生 *S. parasitica* var. *graciliflora*（Roxburgh ex J. H. Schultes）H. S. Kiu，分布于海南、广东、广西和云南橡胶树上，孟加拉、印度东北部、缅甸、尼泊尔、锡金和泰国均有分布。④小叶梨果寄生 *S. notothixoides*（Hance）Danser，即蓝木寄生，分布于海南和广东橡胶树上，越南也有分布。

钝果寄生属：广寄生 *Taxillus chinensis*（Candolle）Danser，即松树桑寄生，分布于海南、广东和广西橡胶树上，柬埔寨、印度尼西亚、老挝、马来西亚、菲律宾、泰国和越南均有分布。

槲寄生属：①白果槲寄生 *Viscum album* L.，分布于马来西亚橡胶树上。②瘤果槲寄生 *V. ovalifolium* Wallich ex Candolle，分布于海南、广东、广西和云南橡胶树上，不丹、柬埔寨、养地东北部、印度尼西亚、老挝、马来西亚、缅甸、菲律宾、泰国和越南均有分布。③扁枝槲寄生 *V. articulatum* N. L. Burman，分布于海南、广东、广西和云南橡胶树上，南亚和东南亚、澳大利亚均有分布，寄生于五蕊寄生、鞘花、红花寄生和广寄生上，为橡胶树二重寄生。④柿寄生 *V. diospyrosicola* Hayata，即棱枝槲寄生，分布于海南、广东、广西和云南橡胶树上。

在中国海南、广东和广西橡胶树上以广寄生（英文名 Chinese Taxillus）为主，在云南橡胶树上以五蕊寄生为主，其次还有鞘花、瘤果槲寄生等，国外橡胶园可能还有其他桑寄生种类没有调查报道。

广寄生是属桑寄生科钝果寄生属植物，别名桑寄生、寄生茶，为害橡胶等林园植物的寄生性植物，分布广，为害重，本文作重点介绍。

二、形态特征

灌木，高 0.5~1m；嫩枝、叶密被锈色星状毛，有时具疏生叠生星状毛，稍后绒毛呈粉状脱落，枝、叶变无毛；小枝灰褐色，具细小皮孔。叶对生或近对生，厚纸质，卵形至长卵形，长（2.5~3）~6cm，宽（1.5~2.5）~4cm，顶端圆钝，基部楔形或阔楔形；侧脉3~4 对，略明显；叶柄长 8~10mm。伞形花序，1~2 个腋生或生于小枝已落叶腋部，具花 1~4 朵，通常 2 朵，花序和花被星状毛，总花梗长 2~4mm；花梗长 6~7mm；苞片鳞片状，长约 0.5mm；花褐色，花托椭圆状或卵球形，长 2mm；副萼环状；花冠花蕾时管状，长 2.5~2.7cm，稍弯，下半部膨胀，顶部卵球形，裂片 4 枚，匙形，长约 6mm，反折；花丝长约 1mm，花药长 3mm，药室具横隔；花盘环状；花柱线状，柱头头状。果为浆果，椭圆状或近球形，果皮密生小瘤体，具疏毛，成熟果浅黄色，长 8~10mm，直径 5~6mm，果皮变平滑。种子呈长椭圆形，长约 6mm，最宽处直径 3mm，为淡绿色或浅褐色。种子由种皮、胚与胚乳构成；胚由胚芽和类胚根构成，其中类胚根为分化形成种子初生吸器的器官。

三、生物学特性

多年生半寄生性小灌木，其叶形变化较大。花果期 4 月至翌年 1 月。种子繁殖。种子属顽拗型，不具休眠期，可以独立萌发，一经成熟即可萌发生长。萌发时首先见类胚根从种孔露头膨大并逐渐分化形成初生吸器，同时芽也从种孔长出。种子含水量为50%，对干燥脱水敏感，当含水量下降到25%时，种子不能萌发。种子萌发适宜温度为20~30℃，低于10℃和高于40℃不能萌发。种子无论有无光照均能独立萌发，在有光照条件下通常分化形成一个初生吸器，并呈现避光性分化；在无光照条件下则能分化形成多个吸器。种子不耐储存，寿命短暂。广寄生种子主要靠鸟类传播，种子通过鸟嘴吐出或粪便排出，黏着于树皮上，在适宜的温度、水分和光照条件下即行萌发，并在胚根与寄主接触的地方形成吸盘，钻入寄主皮层，以吸根的导管与寄主的导管相连，吸取寄主植物的水分和无机盐供其生长。

四、为害与防治

我国广东、广西、海南、福建南部等省区均有分布，生于海拔20~800m的平原、丘陵或低山常绿阔叶林中，为常见的寄生植物，寄主范围广，寄生于橡胶树、桑树、桃树、李树、荔枝、龙眼、杨桃、油茶、油梨、油桐、榕树、木棉、马尾松、水松等多种植物。

广寄生为半寄生植物，叶片可以进行光合作用，只是以其吸根侵入寄主组织吸取水分和无机盐而为害寄主植物，轻则抑制生长和减产，重则引起枯死。据报道，海南橡胶树平均寄生率为25%，平均寄生指数为10.2，云南西双版纳橡胶树的寄生率在50%以上，橡胶产量降低10%以上。

综合利用。全株入药，系中药材桑寄生科植物主要品种，性平，味苦甘，具有祛风湿、补肝肾、强筋骨、安胎催乳功效，可治腰背痛、肾虚、风湿痹痛、胎动、胎漏、高血压等。民间草药以寄生于桑树、桃树、马尾松的疗效较佳；寄生于夹竹桃的有毒，慎用，但有抗肿瘤作用。

人工或机械防治。在每年冬季树木越冬落叶后抽芽前进行人工砍除或机械割除，并集中烧毁。

生物防治。目前还没有找到合适的天敌昆虫或致病生防菌。

化学防治。可以采用"树头钻孔施药法"施用除草剂防除。此法操作简便、安全、经济有效。在林木冬季休眠期处理，在果树、胶树等生长期不能施用，以免产生药害。

参考文献

范志伟，董兴国.1991.橡胶树上的桑寄生植物[J].热带作物研究，（4）：86-89.

李开祥，梁晓静，覃平，2011.桑寄生研究进展[J].广西林业科学，40（4）：311-314.

李扬汉.1998.中国杂草志[M].北京：中国农业出版社.681.

李永华，阮金兰，陈士林，等.2010.广寄生种子结构及其萌发实验研究[J].世界科学

技术 – 中医药现代化★中药研究，12（6）：920–923.

中国科学院中国植物志编辑委员会 .1988. 中国植物志 [M]. 北京：科学出版社 .24，86–158.

Huaxing Qiu，Michael G. Gibert. Loranthaceae. 2003. In Flora of China，5：220–239.

Huaxing Qiu，Michael G. Gibert. Viscaceae. 2003. In Flora of China，5：240–245.

第九章
芒果炭疽病综合防控技术

一、分布与为害

芒果炭疽病是芒果生长期及采后的主要病害之一，在印度、印度尼西亚、菲律宾、泰国、秘鲁、圭亚那、波多黎各、古巴、特立尼达、刚果、西非、马来西亚、法国、南非及巴西等所有芒果生产国家都有发生。在我国广东、广西、云南、海南、福建等芒果生产地区每年都有不同程度的发生和为害。该病害在芒果生长期侵染常引起叶斑，严重时造成落叶，侵染枝条则造成回枯等症状，影响芒果树的正常生长发育；开花季节和座果早期如果遭遇阴雨天气，常常导致大量落花落果，使果实减产30%~50%；该病害具有潜伏侵染特性，在采后贮运和销售期间，造成果实腐烂，病果率一般为30%~50%，严重的可达100%；个别情况下，采前侵染也可以在果实表面形成病斑，影响果实外观品质。

二、症状

芒果炭疽病主要为害嫩叶、嫩枝、花序和果实。严重时可引起落叶、落花、果腐、枝枯。症状见下图。

图　芒果叶片（上左）、花穗（上右）、未成熟果实（下左）和成熟果实（下中、下右）
炭疽病症状（蒲金基提供）

1. 叶片

嫩叶染病大多从叶尖或叶缘开始，初期形成黑褐色、圆形、多角形或不规则形小斑。扩展后或多个小斑融合可形成大的枯死斑，使叶片皱缩扭曲，嫩叶发病严重时，呈快速凋萎状。天气干燥时，枯死斑常开裂、穿孔。病叶常大量脱落，枝条变成秃枝。成叶感病，病斑多呈圆形或多角形，直径小于 6mm，病斑两面生黑褐色小点（即分生孢子盘），在潮湿情况下，分生孢子盘上可出现橙红色的分生孢子堆。

2. 花序

侵染花梗形成长条形或不规则性的红褐色或黑色病斑，受害花变成褐色或黑色，最终干枯凋萎、脱落，严重时整个花序花轴枯死，造成花疫。

3. 果实

幼果受害后最初出现红色斑点，扩大后出现近圆形的黑色凹陷病斑或整个果实变黑腐烂，导致大量落果，较大的果实由于自身生理或自我疏果而败育后形成僵果，病原菌在其上营腐生生长并产生大量的分生孢子。中果受侵染后果皮上出现近圆形黑色凹陷病斑。在果园，偶尔在发育后期的青果上也可以看到黑色的炭疽病斑，大量病斑愈合常在果肩上形成大面积粗糙龟裂的黑色炭疽斑块或沿果肩向果尖排列呈"泪痕状"。芒果果实炭疽更常见发生在采后阶段，果实青熟采收后在储藏过程中，在果面可见边缘模糊的圆形黑色或褐色的病斑，不同大小的病斑可相互愈合形成大病斑覆盖果面，或常呈现"泪痕状"；病斑通常仅限于果皮，在严重的情况下病原菌可侵入果肉。后期，病原菌在病斑上形成分生孢子盘和橙色到粉红色的分生孢子堆。侵染青果，常在果皮上造成小的红点症状。

4. 枝条

嫩枝病斑黑褐色，向上下扩展，环绕全枝后形成回枯症状，病部以上的枝条枯死；顶芽受害常呈黑色坏死状；病斑上生小黑粒点。

三、病　原

引起芒果炭疽病的病原菌有两种：一种是胶胞炭疽菌 [*Colletotrichum gloeosporioides* (Penz.) Penz. & Sacc.]，属于半知菌类刺盘孢属，有性阶段为子囊菌亚门小丛壳属的围小丛壳菌 [*Glomerella cingulata* (Stoneman) Spauld. & H. Schrenk]，是引起芒果炭疽病的主要病原菌。另一种是尖孢炭疽菌（*C.acutatum* J.H. Simmonds），有性阶段为尖孢小丛壳菌 [*Glomerella acutata* J.E. Guerber & J.C. Correll]，比较少见。

胶胞炭疽菌的分生孢子盘半埋生，黑褐色，圆形或卵圆形，扁平或稍隆起，大小为 (110~260) μm×(30~85) μm。刚毛深褐色，1~2 个隔膜，直或弯，大小为 (50~100) μm×(4~7) μm。分生孢子圆柱形、椭圆形、无色、单胞，两端钝圆，中间有一油滴，大小为

（9~24）μm×（3~4.5）μm。在 PDA 培养基上菌落呈灰绿色或灰白色，气生菌丝绒毛状，后期产生橘红色的分生孢子堆。有性阶段通常在培养基中不难产生，子囊壳烧瓶状，有明显的嘴喙，直径为 90~152μm，高约 104~160μm；子囊大小为（41~72）μm×（8~12）μm，单层壁，棍棒形，不成熟的子囊壳中可见侧丝，成熟后，侧丝消失；子囊孢子宽肾形、长椭圆形至纺锤形，无色稍弯曲，单行排列，大小为（10.5~15.1）μm×（4.3~7.4）μm。

尖孢炭疽菌分生孢子单胞、无色、梭形，大小为（10.2~16.5）μm×（2.2~3.6）μm，中间有一油滴。它在芒果上产生的症状与胶胞炭疽菌基本相同。

四、侵染循环

有报道称病原菌在果园的落叶上可以产生子囊孢子，但其在病害循环中的作用尚不清楚。由于分生孢子在芒果园更为常见，而且在树冠上大量产生，因此，病枝、病花、病叶和僵果上产生的病原菌分生孢子被认为是主要的侵染来源。在这些病组织上产生的分生孢子经雨水溅射传播到健康的叶片和花序引起再侵染，因此，在这些器官上炭疽病呈多循环病害。病原菌侵染幼果造成落果或形成僵果挂在树上。在发育较大的果实上，病原菌采前侵染后进入潜伏状态，直到果实进入后熟阶段才表现症状，造成果实采后腐烂。在采后，病原菌一般不会在果实间发生再侵染，所以采后炭疽病一般是单循环病害。

来源于油梨、柑橘、番木瓜上的胶胞炭疽菌 C. gloeosporioides 分生孢子也可以侵染芒果并产生症状，但这些侵染来源在芒果炭疽病流行学上的意义还不清楚。

五、流行规律

1. 分生孢子产生、萌发和附着胞形成的条件

果园空气湿度是影响病害传播和发生的主要环境因素，在有自由水或空气相对湿度超过 95% 的条件下，果园病残体上产生大量的分生孢子，通过风、雨、昆虫等传播到芒果健康组织表面。在潮湿的条件下，胶胞炭疽菌分生孢子产生的适宜温度为 25~30℃。在有自由水或空气相对湿度超过 95% 的条件下，分生孢子才能萌发和形成附着胞。分生孢子在相对湿度低至 62% 的情况下存放 1~2 周，再放至 100% 相对湿度下，仍然能够萌发。分生孢子只在相对湿度 100% 的条件下培养 3h 即可萌发，6h 大部分分生孢子萌发，12h 可产生附着胞，在有水膜条件下分生孢子萌发率和附着胞形成率均显著提高。

光照可促进胶胞炭疽菌形成分生孢子。短时（10~30min）太阳光照可诱导菌落大量产生分生孢子。黑暗有利于分生孢子发芽，但光照对分生孢子发芽有一定的抑制作用。

2. 芒果炭疽菌侵染过程及侵染条件

胶胞炭疽菌分生孢子通过风雨传播到嫩梢、嫩叶、花穗、果实上后，遇到合适的温、湿度条件下即萌发产生芽管，并在芽管先端形成附着胞，从附着胞下方的侵染孔产生侵染丁穿透寄主表面的角质层直接侵入，芽管或菌丝也可以从伤口或自然孔口侵入寄主组织。在嫩叶、花穗和幼果上，病原菌侵入后经过短暂的潜育期即可产生坏死症状。在未成熟的果皮中，5,12-顺式十七碳烯基间苯二酚、5-十五烷基间苯二酚、5（7,12-十七烷二烯基）间苯二酚等取代间苯二酚类抗菌物质含量较高，或由于病原菌不易获得生长所需的营养物质，病原菌暂时处于休眠状态，进入潜伏状态，待果实产生呼吸跃变，进入后熟阶段时，抗菌物质含量减少到较低水平，或在乙烯的刺激下，病原菌进入活跃的死体营养状态，菌丝迅速生长扩展，致使果面产生大量病斑，发生采后炭疽。因此，在发育较大的未成熟果实上，病原菌侵入后形成潜伏侵染，通常在青果上不表现症状。

胶胞炭疽菌分生孢子的萌发和侵入需要较高的湿度。尽管分生孢子在相对湿度95%的条件下也能萌发和形成附着胞，但在有自由水的条件下，分生孢子更容易萌发和侵入。因此，连绵阴雨、雾大、露水重的天气条件均有利于炭疽病的发生。

3. 芒果炭疽病流行规律

芒果炭疽病的发生流行与气候条件、品种抗性以及寄主物候期有密切的关系。

（1）气候条件

20~30℃，90%以上的相对湿度最有利于发病。在我国华南与西南芒果产区，每年春季芒果嫩梢期、花期及至幼果期，温度均适宜发病，此期如遇阴雨连绵或雾大湿度高的天气，该病常严重发生。湿度是左右我国芒果种植区炭疽病发生与流行的关键因子。据报道16℃以上，每周降雨3天以上，相对湿度高于88%，病害也可在两周内大流行。冬、春严寒遭冻害后也易导致病害大流行。

（2）品种抗病性

芒果品种间抗病力存在明显差异，但目前还没有发现免疫品种。台农1号在广东、海南表现抗病，白花芒，吕宋芒，金钱芒，扁桃芒，泰国象牙芒，云南象牙芒，粤西1号，秋芒、金煌芒、玉文6号、海顿芒、圣心芒、凯特芒和陵水芒等中抗；湛江红芒1号，红象牙，鹰嘴芒、紫花芒、桂香芒、爱文芒、白象牙芒、肯特芒、印度2号、3号等抗病力较弱。在感病品种上，采前采后炭疽病发生都很严重。

（3）寄主生育期

叶片最感病的时期是抽芽、开叶至古铜期；淡绿期较轻，青绿期的叶片抗病性增强，即使受害，病斑扩展也会受到限制。开花幼果和熟果期也较感病，但相比之下，成熟果较幼果易染病，且染病后腐烂速度迅速。枝条以嫩梢期最易感病。

4. 胶胞炭疽菌的种内遗传多样性

不同菌株间在致病性上存在较大差异，尽管目前尚未发现本菌有生理小种分化现象，但种内存在丰富的遗传多样性，来源于芒果的菌株常被聚为一类。研究表明芒果炭疽病菌 *C. gloeosporioides* 群体存在明显的致病性和遗传分化。在美国佛罗里达，芒果炭疽病菌 *C. gloeosporioides* 群体遗传多样性分析表明，自芒果不同组织采集分离的芒果炭疽菌株的果胶降解酶谱存在多样性，某些酶谱类群仅存在于特定的芒果组织中，而有些酶谱类群则可存在于几种不同的组织中，说明某些酶谱类群的成员可能更倾向于侵染特定的寄主组织。

六、防治技术

1. 农业防治

选用优良抗病品种。根据上市季节和市场对品种要求，尽可能地选择种植上述介绍的抗病品种。

清除病残体。结合修剪剪除病枝病叶，修剪后用1%石灰等量式波尔多液，或65%代森锰锌可湿性粉剂600~800倍液保护伤口；清除园中病残体，集中烧毁或挖沟撒石灰深埋。

其他栽培防病技术。适度修剪，保持树冠通风透光，在低洼或雨水多的地区，做好果园排水，降低果园湿度；在一个果园尽可能选择同一品种或抽梢、开花和座果期相同的品种，避免与荔枝、龙眼等寄主作物混种；在第二次生理落果后套袋保护果实。

2. 化学防治

重点保护嫩叶和保花保果。开叶后每7~10天喷药一次，直至叶片老化。花蕾抽出后每10天喷一次，连续喷3~4次，小果期每月喷一次，直至成熟前。供选用药剂有：25%阿米西达悬浮剂600~1 000倍液；或30%爱苗乳油3 000~3 500倍液；或75%达科宁可湿性粉剂500~800倍液；或1%石灰等量式波尔多液，或50%的托布津1 500倍液，或50%多菌灵1 000倍液，或65%代森锰锌可湿性粉剂600~800倍液，新近报道的药剂还有烯唑醇、苯醚甲环唑、戊唑醇等。此外，也可通过诱抗剂、植物源农药、拮抗微生物来防治。干旱地区或夏季高温期应适当降低药剂使用浓度，或避开中午用药，以免对果皮造成药害。

3. 果实采后处理

精选的好果，用51℃温水浸果15min，或54℃温水浸果5min（不同的品种热处理所需的温度和时间稍有差异）。或用500mg/kg的苯菌灵、或1 000mg/kg多菌灵、或42%特克多悬浮剂360~450倍液浸果3min。或用咪鲜胺药液（含有效成分250mg/kg）浸泡30s，后在含氧量6%的环境中贮藏。其他化学处理方式，如氯化钙、柠檬酸、草酸或水杨酸处理、壳聚糖涂膜和乙烯受体抑制剂1-甲基环丙烯（1-MCP）处理等对芒果采后炭疽病都有不同程度的控制作用。

第十章
芒果细菌性黑斑病综合防控技术

一、分布与为害

芒果细菌性黑斑病（又称细菌性角斑病或溃疡病）是世界性分布的常发性细菌性病害，在亚洲、非洲、大洋洲、北美洲、南美洲均有发生，是欧盟列举的重要的危险性有害生物。我国大部分芒果产区都属于芒果次适宜生长区，芒果花期处于春雨连绵季节，果实生长处于高温高湿、台风频繁发生的季节，而这些气候条件极容易引起芒果细菌性黑斑病的发生与流行。目前该病已在我国海南、广东、广西、云南、福建、四川、台湾等省（区）主产区普遍发生，在多雨潮湿的年份或局部果园已经成为芒果的第一大叶部和果面病害，一般造成产量损失达15%~30%，严重时达50%以上。常造成早期落叶、枝条枯死，果实受害对其产量和商品价值影响较大，同时芒果炭疽病病原菌、蒂腐病病原菌常从病斑裂口处侵入果实，导致贮藏期大量烂果，烂果率可达100%。2007年我国也将其列入进出境检疫性有害生物名录。

二、症 状

细菌性黑斑病在芒果叶片、枝条、花穗、果柄和果实上皆可发生。感病叶片最初在近中脉和侧脉处产生水渍状小点，逐渐变成黑褐色，病斑扩大后边缘受叶脉限制，呈多角形或不规则形，有时多个病斑融合成较大病斑，病斑表面隆起，周围常有黄晕（下图）。感病枝条和果柄发病形成黑褐色不规则形病斑，有时病斑呈纵向开裂，伴有黑褐色胶状黏液渗出（图10-1）。大部分感病果实上的病斑初为红褐色小点，扩大后成黑褐色，病部常有

图　芒果叶（左1）、枝条（左2）、果柄（右2）和果（右1）黑斑病症状（蒲金基提供）

菌脓溢出，后期病斑表面隆起，溃疡开裂。

三、病 原

芒果细菌性黑斑病的病原菌是甘蓝黑腐黄单胞杆菌芒果致病变种 [*Xanthomonas campestris* pv. *mangiferaeindicae*（Patel，Moniz & Kulkarni 1948）Robbs, Ribiero & Kimura]（ =*Xanthomonas citri* pv. *mangiferaeindicae* ），属普罗斯特细菌门黄单胞杆菌目黄单胞杆菌属。

该菌在营养琼脂（NA）培养基上菌落圆形，乳白色，隆起，表面光滑，有光泽，边缘完整，大小为 1.0~1.5 mm；菌体短杆状，大小为（0.9~1.6）μm×（0.3~0.6）μm，革蓝氏染色阴性，单根极生鞭毛。

该菌氧化酶反应阴性，脲酶阳性，脂肪酶阴性；在以葡萄糖、阿拉伯糖、果糖、半乳糖、甘露糖、蔗糖、乳糖、麦芽糖、棉子糖、海藻糖、甘露醇、木糖、山梨糖和甘油为碳源的 Dye 培养基上产酸；可利用柠檬酸盐，琥珀酸盐，并使其呈碱性反应；产生过氧化氢酶和氨气，不产生吲哚；能水解淀粉，液化明胶，陈化牛乳，产生硫化氢。有无氧气时均能生长。对硝酸盐的还原作用，菌株间略有差异。

四、寄主范围

自然寄主为芒果（*Mangifera indica*）、腰果（*Anacardium occidentale*）、巴西胡椒（*Schinus terebinthifolius*）和槟榔青（*Spondias pinnata*）等漆树科（Anacardiaceae）植物；人工接种寄主有野芒果（*Mangifera* sp.）和紫葳科（Bignoniaceae）植物等。

五、地理分布

亚洲：印度、巴基斯坦、马来西亚、日本和中国。
非洲：南非、苏丹、埃及、马拉维共和国、刚果、莫桑比克、索马里、摩洛哥。
大洋洲：澳大利亚。
北美洲：多米尼加。
南美洲：巴西、巴拉圭、法属圭亚那。

六、侵染循环

病原细菌潜伏在病叶、病枝条、病果内、果园内外杂草上越冬，尤以病秋梢为主。高湿低温 15~20 ℃ 有利于病原细菌越冬存活。次年借雨水溅射传到新生的器官组织上，从伤口或水孔、气孔、皮孔、蜡腺、油腺等自然孔口侵入发病，芒果结果后又经风雨传播到果上为害。贮运中湿度大时，接触传染，导致大量腐果。远距离传播主要是带菌苗木、接穗和果实等。果园内传播主要依靠风雨，特别是暴风雨；其中雨滴传播只局限于树冠之类，枝叶之间，暴风雨则是树与树之间传播的主要原因。此外，果园内的农事活动，如耕作、嫁接、修剪等也能引起该病的传播。某些昆虫（如瘿蚊）被认为对病原菌具有传病作用。潜育期随品种和种植区的气候条件不同而不同，一般为 5~15 天。

七、流行规律

细菌性黑斑病的传播扩散及其侵染条件如下。

1. 细菌性黑斑病原菌的传播与扩散

芒果细菌性黑斑病可通过气流、带病苗木、风、雨水等传播扩散至新抽生的嫩梢、嫩叶上为害。

2. 细菌性黑斑病原菌存活期

叶片病斑上的病菌菌存活期较长，在温度为 28℃，相对湿度为 95% 的可控条件下，叶片病斑含菌量下降缓慢，而且从叶龄为 3 个月和 18 个月的感病品种病叶组织中检测到病原菌数分别为 10^7 CFU/mL 和 10^5 CFU/mL。而作为主要初侵染源之一的枝条病斑含菌量则较难评估。高湿条件有利于病原菌的附生，自由水则有利于细菌从破裂表皮的释放与扩散，而干燥条件则使菌量骤降。低温可能更适于病原菌在芒果芽上附生存活，在高湿（RH85 ± 5 %）低湿（15~20℃）条件下，病芽的带菌量 105 CFU/ 芽；而在高温（25~35℃）条件下，病芽的带菌量为 10^2 CFU/ 芽。病原菌在病落叶或土壤中存活期有限。

3. 细菌性黑斑病原菌侵染侵染条件

品种抗病性。尚无免疫品种，目前生产上大面积栽培品种为中抗或耐病品种。印度品种 Peter Alphenes，Muigea Nangalora、Neclum Baneshan 较感病。国内广西本地土芒、广西 10 号芒、桂热 10 号芒、贵妃芒、凯特芒易感病，紫花芒、桂香芒、绿皮芒、串芒和粤西 1 号中抗，红象牙芒比较抗病。据报道抗病品种的酚类化合物，黄酮类化合物、糖总量及氨态氮含量均较高。

气候条件。25~30℃，高湿条件有利于发病。台风雨来临后，常常在嫩梢、嫩叶上造成许多伤口，为病原细菌的侵入提供了便利的途径。所以每次台风之后，常招致细菌性黑斑病大暴发，尤其是地势开阔的低洼地受水浸之后，发病更重，避风、地势较高的果园发病较轻。风速较大的地区，枝叶和果实摩擦造成伤口，在降雨和露水重的天气条件下，也容易发生细菌性黑斑病。

八、防治技术

1. 加强检疫

防止病原菌随带菌苗木、接穗和果实扩散。

2. 选种抗耐病品种

在重病区可考虑种植较抗病的品种。

3. 农业防治

营造防护林。在沿海地带或平坦易招风的果园营造防风林或设置风障，一般3.3~6.6 hm2 果园营造一片防护林带较适宜，或直接在林地开辟果园，降低大风造成伤口引致病害发生。

做好预防工作。新果园尽量选健康无病苗木，及早剪除病叶，并定期喷铜制剂或农用链霉素。果园与苗圃最好分开，尽量不要在投产果园行间育苗。引进的种子、实生苗、接穗做好检疫工作，或先做消毒处理后再进入苗圃。

加强水肥与花果管理，提高植株抗性。

结合修剪清洁果园，减少初侵染源。冬季彻底清除落地病叶、病枝和病果；春季对花量、果量过多的果园适度截短花穗和果穗，并协同清除病枝、病叶和病穗；收果后应及时修剪密生枝、掩蔽枝和弱枝等，同时将病枝、病顺彻底剪除，病枝、病叶和病果应集中烧毁或深埋。修剪或冬季清园后宜及时喷施农药进行果园消毒。

4. 化学防治

药剂防治要切实把好"三关"，即防治适期关、防治次数关和对路药剂关。

防治适期和用药次数。新梢转绿前定期喷药防病护梢，每次抽梢喷药1~2次；幼果期喷药护果；密切注意天气预报，台风等暴风雨前后连续喷药2~3次，保护果实、幼叶、嫩枝。

防治药剂。1%等量式波尔液于秋剪后喷施，防病保梢；选用氧氯化铜、氢氧化铜、甲基硫菌灵、农用链霉素·黄原胶增效剂、新植霉素或春雷霉素·王铜等喷施叶片、枝条及花果。

5. 生物防治

筛选对细菌性黑斑病具有拮抗作用微生物，开展生物防治。

附：

1. 芒果细菌性黑斑病病害严重度分级标准

0 级：无病斑；1 级：每叶 1~2 个病斑；3 级：每叶 3~10 个病斑；5 级：每叶 11~25 个病斑；7 级：每叶 25 个病斑以上。

2. 芒果细菌性黑斑病病情指数计算方法

病情指数是全面考虑发病率与严重度两者的综合指标。当严重度用分级代表值表示时，病情指数计算公式为：

$$DI = \frac{\sum_{i=1}^{n}(X_i \cdot a_i)}{\sum X_i \cdot a_{max}} \times 100\%$$

DI：病情指数；

X_i：病害分级标准各级代表值；

a_i：各级严重度的调查单元数；

$\sum X_i$：调查单元总数；

a_{max}：最高级值。

第十一章
芒果疮痂病综合防治技术

一、分布与为害

　　芒果疮痂病是芒果果园常见病害，最早于 1942 年从古巴和佛罗里达州采集的标本上发现该病。此后，国外几乎所有的芒果产区，包括澳大利亚、墨西哥、西印度群岛、瓜地马拉、洪都拉斯、萨尔瓦多、巴西、委内瑞拉、哥伦比亚、关岛、印度、中国、泰国、菲律宾、澳大利亚、加纳、几内亚、科特迪瓦等国家或地区，都有该病的发生记载。我国于 1985 年在广州发现该病害，目前在各产区均有发生。该病害在我国曾被列为检疫对象，现已取消。芒果疮痂病发生严重时，幼果容易脱落，留在树上的果实果皮上布满病斑，粗糙不堪，对果实产量和外观品质影响很大。在菲律宾，该病害为害可造成 20% 以上的淘汰果率。我国局部地区的感病品种上发生严重，好果率降低 10% 以上。

二、症　状

　　主要侵染幼嫩的叶片、枝条、花序、果梗和果实。疮痂病症状因芒果品种、侵染部位、组织的幼嫩程度、植株长势而有变化（下图）。

图　芒果叶（左 1）、果实（左 2）、嫩梢（右 2）和花序（右 1）疮痂病症状（蒲金基提供）

1. 叶片症状

在叶片上常形成近圆形灰褐色病斑，多 1~3mm 大小，具明显的黄色晕圈，病斑粗糙开裂，中央略凹陷，背面略凸起，颜色较深，后期变成软木状，有时形成穿孔。叶缘发病常导致叶片扭曲畸形和缺刻。在潮湿的环境条件下，嫩叶上形成大量褐色坏死斑，导致落叶。叶片背面主脉受侵染，病斑沿叶脉扩展，形成较大的黑色长梭形的病斑，病斑中央沿叶脉开裂，后期病斑呈灰色软木状。在病斑上产生灰褐色绒毛状霉层，即病原菌的分生孢子梗和分生孢子。病害严重时，枝条和叶片上病斑密集，容易产生落叶。

2. 果实症状

疮痂病病原菌侵染幼果在果面产生黑色的小坏死斑，严重侵染导致落果。在台农和贵妃等品种上，随着果实长大，小坏死斑稍有扩展，中央灰褐色，边缘黑色，稍凸起，逐渐发展为浅褐色的疮痂样或疤痕状小病斑，中央常开裂，略有凹陷，潮湿的环境中病斑中央有灰褐色霉状物，病斑中央的疮痂样组织容易揭去；小病斑可以相互愈合则产生较大的不规则的粗糙斑块，在桂热、台农、贵妃和金煌等品种上，有时则产生黑色的小病斑或较大面积的褐色粗糙斑块。较大的疮痂斑块往往造成果皮组织不能正常生长而凹陷，最终导致果实畸形。严重时整个果面布满疮痂斑块，果皮成灰色或灰褐色的软木状。疮痂病早期症状容易与药害或炭疽病黑色病斑相混淆，但炭疽病不会形成疮痂样病斑，果实成熟后，疮痂病病斑不会扩展导致果实软腐，但疮痂病严重的果实容易发生采后炭疽病。疮痂病粗糙的疤痕有时会被误认为果皮擦伤。

3. 枝条症状

疮痂病病原菌侵染幼嫩的枝条，形成大量略微凸起褐色或灰褐色近圆形或椭圆形病斑，病斑边缘颜色较深，1~2mm 大小，天气潮湿时，病斑中央有浅褐色霉层。在干燥的环境中，病斑较小，颜色较深。大量病斑相互愈合形成较大的疮痂斑块，病组织呈浅褐色软木状，粗糙开裂。

4. 其他组织上的症状

花序主轴和侧枝、果梗上受侵染，产生与枝条上相似的症状。

三、病　原

芒果疮痂病的病原菌是芒果痂圆孢菌（*Sphaceloma mangiferae* Jenkins），属半知菌亚门黑盘孢目痂圆孢属。有性阶段为芒果痂囊腔（*Elsinoë mangiferae* Bitanc. & Jenkins），属子囊菌亚门多腔菌目痂囊腔菌属。病原菌有性阶段不常见，仅在美洲有过描述。

芒果疮痂病菌的分生孢子盘，大小不一，褐色，有时呈分生孢子座形。分生孢子梗直立或稍弯曲，单生或簇生于分生孢子盘上，大小为（12~35）μm×（2.5~3.5）μm，基部加宽，瓶梗式产孢分生孢子单生偶有两个串生，单胞或有一个分隔，卵形或椭圆形、纺锤形或筒状，有时略弯，孢壁光滑，无色或淡褐色，大小为（5.0~7.5）μm×（1.9~2.5）μm，少数具油球。

芒果疮痂病菌在寄主表皮下产生褐色的子囊座，大小为（30~48）μm×（80~160）μm，子囊球形（10~15）μm，不规则着生，含1~8个无色的子囊孢子，大小为（10~13）μm×（4~6）μm，子囊孢子具三隔，中间隔膜缢缩。有性阶段的子囊腔常埋生于病组织内，子囊圆球形，内含8个子囊孢子。

四、侵染循环

芒果疮痂病菌可以产生分生孢子和有性孢子，但有性孢子少见，在侵染循环中的作用还不清楚，因此，无性阶段的分生孢子在侵染和病害传播中扮演着重要角色。病原菌分生孢子在病株上存活，在潮湿的环境条件下，产生分生孢子借助风雨传播，引起新梢和嫩叶发病，随着抽梢，不断产生再侵染；开花后，引起花序和果梗发病；座果后，病原菌由发病的枝条、叶片、花序、果梗随风雨传播到果实，产生果实疮痂症状，果实病斑上产生的分生孢子也可以引起果实再侵染。芒果疮痂病菌只侵染芒果，目前尚未发现其他寄主植物。

五、流行规律

1.芒果疮痂病菌的传播扩散及其侵染条件

芒果疮痂病菌的传播与扩散。芒果疮痂病菌分生孢子通过气流和雨水传播，在有遮盖的环境和有风潮湿的天气条件下，病害可传播4.25m的距离，在田间敞开的环境中，扩散距离可能更远。更远距离的传播主要通过病果、种苗、枝条进行。

芒果疮痂病菌分生孢子萌发的条件。分生孢子萌发的温度范围为12~37℃，最适28℃；pH范围为3~9，以pH 5最佳；以自由水或饱和湿度条件下萌发率最高；连续黑光灯光照促进萌发；1%的葡萄糖液在28℃或33℃下明显增加了萌发率。菌丝体生长范围为4~37℃，22~33℃生长良好，最适为28℃；pH范围为2~11，最佳为pH 5。该菌孢子形成温度12~33℃，最适为28℃；pH范围为5~9，最佳为pH 7。

2.流行规律

寄主物候。病原菌主要侵染叶片、枝条、花序、果梗和果实的幼嫩组织，随着组织老化抗病性逐渐增强。

气候条件。分生孢子萌发和侵染需要自由水存在，多雨、多雾、露水重等潮湿温和的天气有利于病原菌产孢和病害发生。韦晓霞在福建调查发现，福州全年的温度、湿度条件均适宜疮痂病发生，但温度和湿度对病害发生的影响程度不同，其中湿度对病害发生程度的影响明显，温度对病害发生的影响作用不明显，而降雨对发病影响则十分明显。因此，影响此病发生流行的主要因素是叶片、枝梢、花序或果实生长的幼嫩程度和相对湿度。该病害在海南的发生规律与此相同，全年均可发生，在易感病的物候期遇到多雨、多雾、露水重等潮湿的天气，病害发生程度就重。

品种抗性。根据观察，海南主栽品种贵妃和台农比较感病；在广东，本地土芒最感病，紫花芒、桂香芒和串芒次之，红象牙芒较抗病。

六、防治方法

1. 农业防治

选用无病种苗和接穗。目前的主栽品种多不抗病，新植果园尽可能选择健康种苗栽植，老果园高接换冠也要选择健康无病的接穗。

清除病残体。结合每次修剪，彻底清除病枝梢，清扫残枝、落叶、落果，集中销毁。

其他栽培防病措施。注意加强水肥管理，促进果园抽梢和开花整齐；避免过量或偏施氮肥，补充适量钾肥，促进新梢或嫩叶老化，增强组织抗病能力；在第二次生理落果后及时套袋护果。

2. 化学防治

苗圃以保梢叶为主，结果园以保果为主。掌握抽梢期及果实开始膨大至采果前 15~10 天交替喷施 80% 代森锰锌可湿性粉剂 800 倍液，或 70% 甲基托布津可湿性粉剂 600 倍液，或 40% 多·硫胶悬浮剂 600 倍液倍液，或 1∶1∶160 波尔多液，或 70% 代森锰可湿性粉剂 500 倍液，或 75% 百菌清可湿性粉剂等。每次抽梢施药 1~2 次，幼果期施药 2~3 次，施药间隔 10~15 天。

第十二章 芒果树流胶病防治技术

一、分布与为害

芒果树流胶病，又称回枯病，顶枯病、枯萎病、速死病等，20世纪20年代，该病在印度首先报道，当今，已成为印度、巴基斯坦、阿曼等国芒果树的毁灭性病害，澳大利亚、南非、美国（弗罗里达州）、印度尼西亚、埃及、巴西、秘鲁、尼日利亚、萨尔瓦多等国家也报道有该病。在我国，20世纪80年代，该病首先在海南省白沙县大岭农场的幼树上发现，随之，三亚、乐东、东方、昌江等地芒果树的成株上发生该病。近些年来，该病有发生流行的趋势。2011年，在三亚市林旺镇的一个果园，株发病率达100%，平均枝条发病率超过40%，整个果园几乎毁灭。

二、症　状

该病主要为害枝条和茎干，有时也可为害叶片；为害果实时引起蒂腐病。

枝条或茎干感病，初期病部出现水渍状褐色病斑，后变黑色，剖开病部枝条，木质部变浅褐色；病斑扩大后病部开裂，流出乳白色树脂，后期树脂变为黄褐色、棕褐色至黑褐色，病斑扩大环绕枝条，且向上、向下扩展，最后病部以上的枝条枯死，黑褐色，病部长出许多黑色颗粒。受害部位的叶片从叶柄开始发病，并沿叶脉扩展，黄褐色，严重时整个叶片枯死。幼树感病，可致整株枯死（图12-1）。

图 12-1　芒果胶病症状（胡美姣提供）

　　该病也可从叶尖、叶缘先感病，出现褐色，后变灰色的病斑，其上有许多小黑点，然后向叶身、叶脉扩展，到达叶脉后沿叶脉向叶柄和茎干向上、向下发展，造成回枯或整株死亡。

　　果实感病，果蒂部分先出现褐色斑点，不断扩大使整个果蒂的果皮变褐、腐烂，渗出黏液（图 12-2）。

图 12-2　果实感病症状

三、病原

引起芒果干流胶病的病原复杂，有生物因素和非生物因素两类，其中，病原真菌是最重要的致病因子。

1. 病原菌

目前文献报道，引起芒果流胶病的病原菌复杂，主要为葡萄座腔菌科（Botryosphaericeae）真菌，其中可可球二孢菌（*Botryodiplodia theobromae* Pat.）[异名：*Lasiodiplodia theobromae*，*Diplodia theobromae* 等，有性态：*Botryosphaeria dothidea*（Moug. ex Fr.）Ces. & De Not.] 为最重要的病原菌。此外，茶藨子葡萄座腔菌 *Botryosphaeria ribis*、甘薯长喙壳 *Ceratocystis fimbriata*、*Hendersonula toruloidea*、芒果新壳梭孢 *Neofusicoccum mangiferae*（异名：*Fusicoccum mangiferae*）、小新壳梭孢 *N. parvum*（异名：*Fusicoccum parvum*）、拟茎点霉 *Phomopsis* spp.、柑橘囊孢壳 *Physalospora rhodina* 等也有报道。引起我国芒果流胶病的病原菌主要是可可球二孢菌 *B. theobromae*。

2. 形　态

可可球二孢菌（*B. theobromae*），在 PDA 培养基上，菌落绒毛状、初期白色，后为灰黑色（图 12-3），菌丝有分隔和分枝。在病枝条和培养基上偶产生炭质、黑色分生孢子器，往往多个集生在一个子座内，分生孢子器内有附属丝，产生大量分生孢子，分生孢子卵形或椭圆形、厚壁，未成熟时无色单胞，内含物颗粒状；成熟的分生孢子黑褐色，双胞，有一横隔，表面具数条脊纹，大小为（12.5~16.8）μm ×（16.9~24.5）μm（图 12-3）。在蛋黄果或番木瓜茎干上可产生有性态，子囊座中等至大型，假囊壳单生或群生，子囊腔为桃形，大小为（175~179）μm ×（230~275）μm，内生棒形子囊，子囊有短柄，大小为（46~49）μm ×（11~13）μm，内含 8 个子囊孢子，成双行排列，子囊孢子大小为（16~18.4）μm ×（7.9~9.2）μm，单胞，无色或稍具褐色，卵形或椭圆形。子囊间有侧丝。

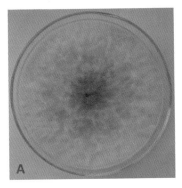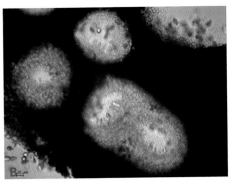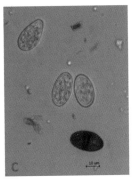

图 12-3 可可球二孢菌（*B. theobromae*）（胡美姣提供）

3. 生理

可可球二孢菌（*B. theobromae*）菌丝最适生长温度为 28~32℃，致死温度为 60℃、10min，孢子萌发最适温度 30℃；菌丝生长最适 pH 为 5~9，孢子萌发最适 pH 为 7~10；菌丝生长最佳碳源是蔗糖，木糖不适于该菌生长；最佳氮源是蛋白胨；全光照有利于该菌生长。

4. 寄主范围

该菌寄主范围广、其寄主植物已知约 500 种，可以侵染植物不同部位，造成多种症状，如枯萎、果腐、根腐、叶斑、丛枝等。可侵染的常见热带亚热带水果有柑橘、芒果、香蕉、荔枝、龙眼、番木瓜、番荔枝、油梨、毛叶枣、红毛丹等。

四、侵染循环

该菌以菌丝体或分生孢子器在病株和病残体上存活越冬，翌年春季温湿度适宜时，菌丝体扩展或分生孢子器涌出大量分生孢子，分生孢子借风雨传播，主要从伤口侵入致病。菌丝体还潜伏在芒果植株的茎干、果实和叶片上，待条件适宜时发病。

五、流行规律

气候条件。高温、高湿和荫蔽的环境条件有利于本病发生流行。台风雨过后该病易暴发流行；在排水不良的苗圃地易发病。在海南，秋末春初时病害症状严重。

品种抗病性。不同品种的抗病性不同，台农 1 号芒、椰香芒、留香芒等品种发病重，而金煌芒、贵妃芒等品种抗病。

此外，树势衰弱和受天牛为害较多的果园发病较重。

六、防治技术

加强防治天牛等蛀干害虫，减少病菌从伤口侵入。

在枝条的发病部位以下 10~15 cm 处进行修剪，且每次修剪时对修剪工具用多菌灵等杀菌剂消毒，修剪掉的病枝梢移出果园外并集中烧毁，以防交叉传染。

涂抹伤口。在切口处涂上以下几种药剂之一。①波尔多膏。配制方法：硫酸铜：新鲜消石灰：新鲜牛粪 =1：1：3，充分混合成软膏状。②托布津浆。配制方法：70% 甲基托布津：新鲜牛粪 =1：200，充分混匀。③氯氧化铜浆糊。配制方法：用 0.3% 氯氧化铜可湿性粉剂制成糊状。

病枝修剪后可喷洒 1% 波尔多液、50% 咪鲜胺锰络合物或 20% 丙环唑乳油 100~150mg/L、10% 苯醚甲环唑水分散颗粒剂 50~150mg/L、40% 氟硅唑乳油 150mg/L、50% 吡唑醚菌酯乳油 150~200mg/L、75% 代森锰锌可湿性粉剂 750~1 000mg/L、50% 多菌灵可湿性粉剂 1 000mg/L 等。在细菌性角斑病严重的果园，还需喷洒 40% 氧氯化铜悬浮剂 800mg/L、72% 农用链霉素 200~300mg/L、33.5% 喹啉铜悬浮剂 200mg/L 等。

第十三章
芒果扁喙叶蝉综合防控技术

一、名 称

芒果扁喙叶蝉 Mango leafhopper（*Idioscopus incertus*）。

二、形态识别

1. 成 虫

体长 4.0~4.8mm，楔形，赭色。头宽为长的 5.5 倍；颜面的斑纹为黑褐色和黄褐色所组成，头顶有较暗的云斑，中线色淡，后部有两块褐色长方形斑。前唇基端部黑褐色，喙较长，端部膨大而扁平，雄虫呈红色而雌虫呈黑褐色。前胸背板略带绿色，并具暗色斑和条纹，外角色较浅。小盾片三角形，浅赭色，基部（前缘）具 3 个黑色斑，居中的横置，两侧的呈三角形，中斑后面有两个很小的斑，两侧边缘亦有两个更小的斑。前翅青铜色，半透明，翅上具暗色斑，斑之间为透明区，翅脉清晰。足的腿节褐色，后足胫节端部黑色，腹板横斑黑色，臀节也为黑色。

2. 卵

长椭圆形，长约 1.0mm，最宽处 0.3mm。初期白色半透明，逐渐变成乳黄色，顶端稍平。顶部具 1 白色絮状毛束。后期可见两黑褐色小眼点。

3. 若 虫

初孵时淡黄褐色，体背中央从前至后具 1 乳白色纵中线。老熟若虫胸部背面呈淡褐色，中胸具倒"八"字形淡黄白色线纹；翅芽达腹部第 4 节，与腹部分离或贴近。第 1、2 腹节背面中央具黑褐色斑，以后各节黑褐色；第 3~5 腹节背中央连成 1 大黄斑。体背纵中线呈淡黄色。足的腿节，胫节中部及爪为黑褐色，间以黄白色。

成虫和若虫形态识别见图 13-1。

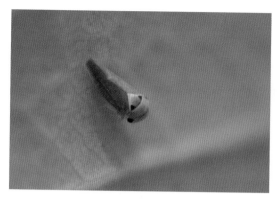 

图 13-1　成虫和若虫

三、分布与为害

中国、印度、斯里兰卡、印度尼西亚、菲律宾、马来西亚、缅甸、澳大利亚等。中国发生省（区）包括：广东、广西、海南、云南、四川、福建、台湾等。

图 13-2　扁喙叶蝉为害状

扁喙叶蝉以成虫和若虫群集刺吸芒果幼芽、嫩梢、花穗和果实汁液，致使芽死亡，嫩梢、花序枯萎，幼果脱落。在严重发生的果园，花序 100% 受害，虫口密度可高达 400 头 / 梢以上，直接影响当年的产量和植株生长。此外，此虫以若虫、成虫分泌大量的蜜露，引致叶片、果面和枝条发生煤烟病（图 13-2）。龙眼扁喙叶蝉 *I. clypealis*（Lethierry）常与芒果扁喙叶蝉混合发生。

四、生物学及发生规律（生活史、消长规律及与环境条件关系）

在海南岛室内饲养年发生 8~9 代，在广西于盆栽植株上饲养年发生 2~7 代。世代重叠，同一虫子的后代，一年中繁殖最快的可以比繁殖最慢的多出 5 代。在广西，3 月 2 代重叠，4 月、5 月 3 代重叠，6 月、7 月 4 代重叠，8 月、9 月 5 代重叠，共有 6 个代次发育的成虫同时进入下年。无明显越冬滞育现象。在室内盆栽苗上饲养，其生活史历期各代差异甚大。若虫和卵的生长适温区为 19~26℃，高温低湿和低温高湿对卵和若虫生长发育不利。在日均温 25℃室内条件下，卵期 4 天，若虫期 14~18 天，成虫期 30~96 天；而在日均温 17.9℃条件下，完成一代需 110~190 天。

初羽化的成虫若无嫩梢、花序补充营养则不能交配产卵。成虫寿命长短与产卵前期有很大关系，产完卵的雌虫随即死去。未生殖雌虫的寿命可长达 250 天以上。成虫无趋光性。在非嫩梢期或花果期趋集于树冠茂密、叶色浓绿的植株上为害，一旦有植株抽芽梢，便迁往取食和产卵。成虫卵产于嫩芽、嫩梢、嫩叶中脉、花、花梗的组织内。卵散产，每雌平均产卵 270 粒，最多可达 1 044 粒。若虫 5 龄，若虫孵化后，卵壳仍留在寄主组织里，外表露出打开的白色卵盖，具有群集性。

成虫和若虫行动都很敏捷，爬行迅速，若遇惊动，成虫立即跳跃逃遁，发出如大雨点撒落叶片的声音。在田间，全年均可找到虫口，在非嫩梢花果期以成虫存在。在海南虫口的发生与嫩梢关系密切，发生时间基本与抽梢、抽花穗的时间同步，每年 3—5 月和 8—10 月为盛发期。该虫在枝叶或树皮缝中越冬。

五、防治技术

1. 农业防治

加强管理，合理施肥与修枝。每年收果后合理修枝整形，保持果园的通透性可抑制此虫的大发生。利用叶蝉趋嫩产卵的习性，在品种单一的果园有意识、有规划地间种少量早花品种，作为诱集树，并随时控制早期虫口，可避免大面积喷药。

2. 药剂防治

在花芽期及嫩梢期等关键时期，及时喷药保护嫩梢和花穗。可选用的药剂包括：啶虫脒、吡虫啉、噻虫嗪、阿维.甲维盐、毒死蜱、溴氰菊酯等。

3. 生物防治

扁喙叶蝉自然天敌丰富，如病原真菌对扁喙叶蝉的寄生率可达 50% 以上；蜘蛛类、猎蝽、螳螂和卵寄生蜂也普遍存在，因此应合理使用化学农药，尽量避免杀伤天敌。

第十四章

蓟马综合防治技术

茶黄蓟马 yellow tea thrips，*Scirtothrips dorsalis* hood。在芒果上发生为害的蓟马近 40 种，包括茶黄蓟马、黄胸蓟马 *Thrips hawaiiensis*、花蓟马 *Frankliniella intonsa*（Trybom）、威岛蓟马 *T.vitoriensis*（Moulton）、褐蓟马 *T.tussa*、红带滑胸针蓟马 *S.rubroinctus*（Giard）、温室蓟马 *Heliothrips haemorrhoidalis*、腹突皱针蓟马 *Rhipihorothrips cruentatus*（Hood）、丽色皱针蓟马 *R.pulchells*、华简管蓟马 *Haplothrips chinensis*、西花蓟马 *F. occidentalis*（Pergande）和横纹蓟马 *Aeolothrips fasciatus*，等等，为害严重的主要是茶黄蓟马、黄胸蓟马和花蓟马，其中以茶黄蓟马最为重要。

一、形态识别

1.茶黄蓟马成虫

体长约 1mm，黄色。触角 8 节，暗黄色，第 3、4 节感觉锥叉状。复眼暗红色，两复眼间单眼 3 个，三角形排列。头宽约为长的 2 倍，短于前胸；前缘两触角间延伸，后大半部有细横纹；两颊在复眼后略收缩；头鬃均短小，前单眼之前有鬃 2 对，其中一对在正前方，另一对在前两侧；单眼间鬃位于两后单眼前内侧的 3 个单眼内线连线之内。前翅橙黄色，近基部有一小淡黄色区；前翅窄，前缘鬃 24 根，前脉鬃基部 4+3 根，端鬃 3 根，其中中部 1 根，端部 2 根，后脉鬃 2 根。腹部背片第 2~8 节有暗前脊，但第 3~7 节仅两侧存在，前中部约 1/3 暗褐色。腹片第 4~7 节前缘有深色横线。

2.卵

肾形，长约 0.2 mm，初期乳白，半透明，后变淡黄色。若虫与成虫相似，但无翅。

3.若虫

初孵若虫白色透明，复眼红色，触角粗短，以第 3 节最大。头、胸约占体长的一半，胸宽于腹部。2 龄若虫体长约 0.5~0.8mm，淡黄色，触角第 1 节淡黄色，其余暗灰色，中后胸与腹部等宽，头、胸长度略短于腹部长度。3 龄若虫黄色，复眼灰黑色，触角第 1、2 节大，第 3 节小，第 4~8 节渐尖。翅芽白色透明，伸达第 3 腹节。蛹（4 龄若虫）出现单眼，触角分节不清楚，伸向头背面，翅芽明显，伸达第 4 腹节（前期）至第 8 腹节

（后期）。

茶黄蓟马形态识别见图14-1。

图14-1 茶黄蓟马形态识别

二、分布与为害

茶黄蓟马分布于中国、日本、印度、马来西亚、巴基斯坦等国家，国内分布于四川、云南、广东、广西、海南、浙江、福建、台湾、香港等地。

蓟马以若虫、成虫在嫩梢、嫩叶、花蕾及小果上吸食组织汁液。在梢期，若虫、成虫在嫩叶背面群集活动，吸食汁液，受害叶片在主脉两侧有2条至多条纵列红褐色条痕。严重时叶背呈现一片褐色，叶片失去光泽，后期受害叶片边缘卷曲，呈波纹状，不能正常展开，甚至叶片干枯（图14-2）。新梢顶芽受害，生长点受抑制，呈现枝叶丛生或萎缩。花果期，若虫、成虫集中为害花穗、幼果，造成大量落花落果；幼果被害后，果面出现黑褐色或锈褐色针状小点；甚至畸形，果皮组织增生木栓化，呈锈褐色粗糙状。幼果横径达2cm左右后不再受害。果实生长中后期，果皮变粗，出现凸起的红褐色锈皮斑（图14-2）。也为害叶柄、嫩茎和老叶，严重影响芒果生长和果实质量。

图14-2 茶黄蓟马为害状

三、生物学及发生规律

茶黄蓟马在海南全年发生，世代重叠，完成1个世代仅10多天。冬季以卵、成虫为主。若虫在早、晚和阴天多在叶面活动,晴天阳光直射则在叶背。老熟若虫多群集在被害叶或附近叶片背凹处,或瘿螨毛毡部,或在蛛网下,或叶片相叠处化蛹。成虫一般爬行,受惊扰时可弹飞。雌虫羽化后2~3天在叶背叶脉处或叶肉中产卵,可行有性生殖和孤雌生殖。卵散产,每雌虫产卵少则几粒,多则100多粒。成虫有趋向嫩叶取食和产卵的习性。成虫、若虫还有避光趋湿的习性。一年抽梢次数多且发梢不整齐或有冬梢的果园,为害较严重;春秋干旱,为害严重。

芒果蓟马年发生有明显高峰,发生高峰与芒果的物候期关系密切,芒果蓟马从初花期开始出现为害,至盛花期为害数量达最大,随着小果期的到来,虫口数量明显下降。在芒果生长、开花结果时,如遇温暖干旱天气,发生为害更严重。蓟马分布随寄主植物花期的变化而变化,受寄主植物花吸引,当一种寄主谢花后迅速向其他开花寄主转移。蓟马的空间分布受其种群密度影响,密度高时为聚集分布、密度较低时为中度聚集分布、密度低时为均匀分布或随机分布;种群密度高时,空间异质性是由空间自相关引起。

月最低气温(℃)和月平均温度(℃)是影响芒果园中蓟马复合种种群数量动态的主要气象因素。监测日蓟马种群数量与日最大风速(m/s)显著正相关,与日最低气温(℃)显著负相关。

蓟马种群数量的变化过程是个动态的平衡过程,在这一平衡过程中受食物、种群扩散、天敌、自身繁殖和气候因素的共同影响。当芒果园食物充足时,蓟马通过风等助力向果园转移,转移入果园的虫量受大生态系统中蓟马虫源的影响,而大生态系统中蓟马虫源的多少又受其自身繁殖、其他食物、温度等因素的影响。

四、监测技术

在芒果树两侧离植株30 cm处,在与芒果树冠中部等高位置按垂直地面方向悬挂黄色粘虫板＋诱剂和蓝色粘虫板＋诱剂各1片,共20片;跟踪监测。芒果花芽萌动至小果

图 14-3　诱虫板

期，每天观察 1 次，其他时间每 7 天观察 1 次粘虫板诱集虫量。诱虫板见图 14-3。

五、防治技术

控制抽生嫩梢，使梢期相对集中，减少其食料来源。

保护和利用天敌：释放小花蝽或捕食等天敌；保护利用草蛉、小花蝽、捕食螨及蚂蚁、隐翅虫等蓟马天敌。

根据虫情及时进行药剂防治。在低龄若虫盛发期前用药防治。每隔 5~7 天一次，连喷 2~3 次。推荐选用乙基多杀霉素、5.7% 甲氨基阿维菌素苯甲酸盐、氟啶虫酰胺、啶虫脒、吡虫啉、毒死蜱、烯啶虫胺、噻虫嗪等单剂或啶虫脒.氯氰菊酯混配制剂喷施嫩梢、嫩叶、花穗和幼果。

第十五章
桔小实蝇综合防控技术

一、名 称

桔小实蝇 Oriental Fruit Fly，*Bactrocera dorsalis*（Hendel）。

二、形态识别

1. 成 虫

体长 7.0~8.0mm，翅 1 对，雌成虫体深黑色，复眼黄色，胸背黑褐色，具 2 条黄色纵纹，小盾片黄色，腹部赤黄色，有"丁"字形黑纹；翅透明，长约为宽的 2.5 倍，翅脉黑褐色。

2. 卵

长椭圆形，长 0.8~1.2mm，宽 0.1~0.3mm，一端较尖细，另一端略钝，初产时白色透明，后渐变成乳黄色。

3. 幼 虫

分 3 龄，1 龄幼虫体长 1.6~4.0mm，2 龄幼虫体长 2.9~4.5mm，老熟幼虫 6~10 mm。黄白色，蛆形，前端小而尖，后端大而圆。口钩黑色。

4. 蛹

体长 4.4~5.5mm，宽 1.8~2.2mm，椭圆形，初化蛹时淡黄色，后逐步变成红褐色。

桔小实蝇形态识别见图 15-1。

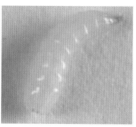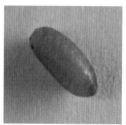

图 15-1　桔小实蝇形态识别

三、分布与为害

主要分布于太平洋地区、美国夏威夷、关岛、不丹、澳大利亚、中国南部、印度北部、缅甸和泰国北部等。国内分布于华南、西南地区的广东、广西、湖南、贵州、福建、海南、云南、四川、台湾、香港等省（区）。

桔小实蝇主要为害寄主果实。成虫产卵于寄主果实内，幼虫孵化后在果内为害果肉，引起果肉腐烂，常常造成果实在田间裂果、烂果、落果，或采摘后出现腐烂，引致减产或失去食用价值。切开受害果，其中可发现有幼虫在为害。成虫产卵时在果实表面形成伤口，致使汁液大量溢出，伤口愈合后在果实表面形成疤痕。成虫产卵所形成的伤口容易导致病原微生物的侵入，使果实腐烂。为害状见图 15-2。

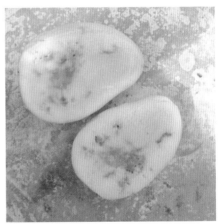

图 15-2　桔小实蝇为害状

四、生物学及发生规律

桔小实蝇每年可发生多代，发生的代数与当地的气候、食物等关系密切。田间世代重叠，在广东三角洲地区、海南每年可发生 9~10 代，在福建厦门、云南西双版纳等地，每年发生约 5~6 代，冬季没有明显休眠。

桔小实蝇的世代历期差异较大，一般卵期 1~3 天，幼虫期 9~35 天，蛹期 7~14 天，成虫寿命约 60 天。成虫飞行能力强，活动范围通常在数百米至 1~2km，果实期可迁移数十千米。多在早上 7—10 点羽化，觅食、交尾、产卵主要集中在早晨和黄昏，中午、晚上躲在阴凉处休息。羽化后需经 10~30 天取食补充营养才开始交尾产卵，至死为止；产卵高峰期在 20~40 天，雌雄虫一代交尾 3~16 次，仅交尾 1 次的雌虫可持续产卵达 27 天之久。雌虫选择黄熟的果实产卵于果皮内，小果上不产卵，在完全膨大但未成熟的果实上有少量产卵。产卵于果皮内，每处产卵5~10粒，每雌产卵160~200粒，最高可达1000多粒。孵化后幼虫在果肉内蛀食为害，老熟幼虫弹跳或爬行到潮湿疏松的土表下2~3cm处化蛹。成虫喜食带有酸甜味的物质，夜间喜聚在树冠内。早春高温干旱、夏季相对少雨有利于该虫大发生。成虫具趋光、喜低、栖阴凉环境的习性。

桔小实蝇最适发育温度为25~30℃。气温高于34℃或低于15℃均对其发育不利，成虫也会大量死亡。21℃以上时有利于成虫性成熟。整个世代的发育起点温度为12.19℃，完成整个生活史所需的有效积温为334.4日度。

桔小实蝇卵的孵化及幼虫化蛹受不同环境湿度与降雨的影响。月降雨量低于50mm以下对桔小实蝇种群不利，而100~200mm的月降雨量有助于桔小实蝇种群的增长。月降雨量大于250mm以上将导致桔小实蝇种群数量下降。在饱和湿度时有利于卵的孵化。土壤的含水量则影响老熟幼虫化蛹的深度和蛹的存活率，土壤含水量在60%~70%时幼虫入土快，预蛹期短；土壤含水量低于40%或高于80%时，老熟幼虫入土慢，且死亡率高。

桔小实蝇对不同寄主植物的选择有明显差异。对同一寄主的不同品种的选择偏好也不尽相同。它对瓜果的选择不仅与瓜果本身的成熟度（含糖分程度及pH）有关，还与瓜果的成熟期有关。雌成虫易受成熟度高、软、挥发物气味浓的水果气味的吸引，小果、膨大期果实及完全膨大但不成熟的果实受害较轻。果壳较厚、硬的品种受害也较果壳薄、软的轻。此外，埋于寄主组织中的卵发育快、孵化率高；而裸或非湿润状态下的卵发育迟缓且很少能孵化。

五、监测技术

按每亩悬挂一个，每监测区共悬挂4个甲基丁香酚引诱剂诱捕器（图15-3），诱捕器之间的距离约20~30m，悬挂于离地面1.0~1.5m的高度；要求诱捕器不受树叶遮蔽，没

图 15-3　诱捕器

有直接阳光暴晒，通风良好。每 7 天收集 1 次诱集的实蝇成虫，每 15 天加 1 次引诱剂和杀虫剂，监测实蝇种群的变化，当实蝇种群达到防治指标时，点喷猎蝇饵剂或杀虫剂，降低虫口密度；当监测到虫口密度降至防治指标以下时，可以停止用药。

六、防治技术

加强检疫。依据我国果蔬产品检疫的有关规定，对调运的芒果作物及产品进行检疫及检疫处理。

农业防治。从果实膨大期开始，及时收集田间烂果、落地果，或及时摘除被害果，集中深埋、火烧、沤浸或用杀虫药液浸泡，深埋的深度至少要在 45cm 以上。在冬季或早春于成虫未羽化出土前，结合冬春季节清园，翻耕果园地面土层，有条件的可灌水 2~3 次，杀死土中的幼虫、蛹和刚羽化的成虫。

大田果实套袋。在幼果期，据不同品种需求，选择质地好、透气性较强的套袋材料如无纺布等及时进行果实套袋，套袋时扎口朝下。

果实采后处理。可使用热水、蒸汽、冷藏或辐射对果实进行采后处理。处理时应根据品种的不同而选择处理时间、温度或剂量。

保护和利用天敌。使用对桔小实蝇 3 龄老熟幼虫具有强侵染力的小卷蛾斯氏线虫 *Steinernema carpocapsae* A11 品系等天敌产品于种植园地土壤中施放，使用剂量为 300 条 /cm2；或释放蝇蛹俑小蜂等天敌；保护利用实蝇茧蜂、跳小蜂、黄金小蜂及蚂蚁、隐翅虫、步行虫等桔小实蝇的寄生和捕食性天敌。

应用不育成虫防治。采用剂量为 90~95Gy 的 ^{60}Co 对桔小实蝇蛹进行辐射不育处理，成虫羽化后投放到野外，其中经处理的雄性成虫与野外的雌性成虫正常交配，但雌性成虫所产下的卵不育。

利用性引诱剂或诱饵诱杀成虫。在诱捕器中放入低密度的纤维板或海绵或棉花为诱芯，在诱芯中按 10：2 加上甲基丁香酚（ME）引诱剂和多杀霉素或敌敌畏等杀虫剂，诱杀成虫。或选用醚菊酯、三氟氯氰菊酯、多杀霉素、敌百虫、敌敌畏等药剂加入到 1% 浓度的蛋白胨或 3% 浓度的红糖配制药液喷树冠浓密处。

药剂防治。选用阿维菌素、毒死蜱等拌制成含量为 0.3%~0.5% 左右的毒土在植株树冠下滴水线范围内撒施，每公顷 450kg 左右毒土。

第十六章
芒果切叶象综合防控技术

一、名 称

芒果切叶象 Mango leaf cutting weevil（*Deporaus marginatus* Pascoe）。

二、形态识别

1. 成 虫

体长 4.0~5.0mm，喙长约 1.5mm。头和前胸枯黄色，喙黑色；触角肘状，基半部为黑褐色，端半部为桔黄色，其上密生细毛。复眼半球形，稍突出于头部两侧，黑色。鞘翅褐灰色，缘折及翅端部灰黑色，肩部及端部黑色，每一鞘翅上有 10 纵列粗刻点，密生浅褐色细毛；鞘翅肩部下伸，肩角呈钝圆状。雌虫比雄虫略大，腹部肥大，腹部末端 1~2 节露出鞘翅外。足胫节、跗节灰黑色，各节端部末端膨大，下方具 1 端刺。详见图 16-1。

图 16-1 芒果切叶象（成虫）
形态识别

2. 卵

长椭圆形，长 0.7~0.9mm，宽约 0.3mm。表面光滑，初产时白色，半透明，后渐变为淡黄色，具光泽。

3. 幼 虫

无足型，共 3 龄。体长 5.2~6.5mm，宽 1.4~1.8mm。初孵时乳白色，老熟时黄白色或深灰色，头部褐色或灰褐色。胴部可见 11 节，体节多具皱纹，腹部两侧各具 1 对肉刺，疏生淡黄色细毛。

4. 蛹

离蛹。体长 3.0~4.0mm，宽 1.4~2.0mm，淡黄色，末期呈浅褐色，两侧焦黑。头部有乳头状突起，上着生刚毛，体背被细毛。腹部向内弯曲，呈淡黄色或灰蓝色；喙管紧贴于腹面，末节着生肉刺 1 对。茧：扁椭圆形，长 4.0~4.5mm，宽约 4.0mm。土质，内实外松，内壁光滑。

三、分布与为害

芒果切叶象分布于缅甸、印度、斯里兰卡、马来西亚等国家与地区。中国分布于广东、广西、海南、云南、福建、四川、台湾等省（区）。

芒果切叶象成虫取食嫩叶的上表皮和叶肉，造成近圆形的取食斑，直径约 2mm，留下白色透明的下表皮，几个至十几个取食斑连成片，使叶片卷缩，严重被害的叶片不久便干枯脱落。雌成虫在嫩叶上产卵，并从叶片近基部横向咬断，切口齐整如刀切，带卵部分掉落地面，造成秃稍，单头雌虫切叶 80~145 片。为害严重的几乎将整株嫩叶全部切断，严重影响植物正常生长。

图 16-2　芒果切叶象为害状

四、生物学及发生规律(生活史、消长规律及与环境条件关系)

芒果切叶象年发生代数因地区面异，在海南年发生 9 代，广西年发生 7 代，云南西双版纳地区年发生 3~4 代。世代历期 30~50 天。世代重叠严重，重叠代数可达 4 代。冬季无越冬现象。

卵期 2.5~4.0 天。卵的孵化率与其所在叶片的湿度有关，在叶片保湿的情况下，孵化率可达 90%；若叶片掉落地上后受阳光暴晒 1~2 天，叶片枯干，孵化率仅为 4% 左右；而在树荫下的叶片中卵的孵化率为 60% ~80%。

幼虫期 3~6 天。幼虫孵化后潜叶取食，造成蜿蜒曲折的隧道。隧道随虫体生长而逐渐加宽，常连通成片。1 片叶中有多头幼虫时，可将叶肉全部吃空，仅剩上下表皮层。幼虫发育的适宜土壤湿度（土水重量比）为 15% 左右，当大于 20% 时则推迟化蛹，甚至死亡；小于 10% 虫体则失水萎缩卷曲，最终死亡。正在生长的幼虫因干燥会出现滞育现象，1 个月后若再给予适宜的湿度，仍能恢复取食，直至化蛹。

蛹期 6~9 天。幼虫老熟后停止取食，入土做茧并进入预蛹期。预蛹期长短与气温和土壤湿度关系密切。当气温 25~35℃ 时，历时 13~18 天；当气温在 15~25℃ 时约为 30 天。幼虫入土化蛹深度与土壤湿度有关。当土壤干燥时，幼虫入土深度可达 3cm，而土壤湿润则只在 1.5cm 的表土层化蛹。

成虫寿命平均 58 天，最长可存活 140 天，具向上性、趋嫩性、群集性，若遇惊扰即假死落地或飞逸。成虫羽化后常在蛹室内滞留 2~3 天后出土。成虫出土受温度及土壤湿度的影响，如气温低于 20℃ 则推迟出土；若土壤干燥板结，部份成虫无法破茧，困死于蛹室中。成虫出土后须取食嫩叶及嫩茎、花柄等补充营养，不取食老叶及已着卵的嫩叶；每对成虫平均取食叶肉 40mm^2/d，最高的可达 270mm^2/d，下午是取食高峰期。取食活动与气温有关，气温在 10~20℃ 时，取食量随气温下降而减少，当气温低于 10℃ 时，基本不取食并停止其他活动。出土 2~3 天后便开始交配，交配后 1~2 天开始产卵，产卵期长达 30~60 天，产卵量为 200~495 粒 / 雌。产卵前先用口器在叶片正面主脉的一侧咬一小洞，然后产卵其中，并用口器压实产卵孔周围的叶表皮，由叶脉流出乳胶状物质将其封盖，每片叶上最多可产卵 16 粒，一般 3~7 粒，也有些虽咬了产卵孔却没产卵。卵均匀地交互成对产于嫩叶的主脉两侧，卵痕多为略向叶缘外弯的肾形。雌虫在一叶片上产卵后即爬行到近叶基处的边缘，迅速地从侧咬向另一侧，切叶速度为 2~6mm/min，每虫一生可切叶 80~145 片。将叶片切断后，虫体转移到别的新叶产卵为害。也有叶片虽被产卵却不被咬切或咬而不断，这种现象在高温（> 30℃）干旱和低温（< 18℃）干燥季节常有发生。成虫为多交性，未交配的雌虫亦可产卵和切叶，但卵不孵化。新叶生长到一定长度（8.0cm）和宽度（2.5~5.0cm）时，即成为成虫产卵的场所，叶色转绿、叶形稳定后的叶片就不再受害。成虫的交配、产卵和切叶大多发生在上午 9—10 时，风雨天气对以上行为影响不大；成虫 9 月份发生最多，因而秋梢受害最严重。

成虫有多型现象。根据其腹面的颜色可分为黄色型（黄色），黑色型（黑色）和居间型（末端 2~3 节黄色，其余几节黑色）。自然种群以黄色型为主，占 65.7%，黑色型和居间型占 34.3%。不同色型的个体在寿命、取食、交尾、切叶及同性异色个体大小方面差异甚微，但在产卵量和产卵部位有分化倾向。黄色型 58.8% 的卵产在叶主脉内；黑色型 55.4% 的卵产在主脉侧边叶肉组织中。成虫的三种色型终生稳定，可自然混杂或单独完成生活史，共同组成切叶象甲自然种群。

五、防治技术

农业防治。平时管理结合除草、施肥、控冬梢时翻松园土，破坏化蛹场所；在芒果抽梢期间，注意巡视果园，如发现被芒果切叶象为害的植株，收捡地上的嫩叶，并集中烧毁，消灭虫卵，降低下代虫源。

生物防治。蚂蚁和寄生蜂是芒果切叶象的重要天敌，田间自然种群丰富，应加强保护利用。

生态防治。有条件的果园，可在果园内牧养鸡，取食幼虫及蛹。此法可兼治叶瘿蚊等入土化蛹的害虫。

药剂防治。重点抓好新梢嫩叶期，于 10 时前和 16 时后振动树枝，发现每枝平均有成虫 3~5 头起飞时，应选用醚菊酯、毒死蜱、氯氰菊酯、顺式氯氰菊酯、溴氰菊酯、联苯菊酯等进行喷药防治。以上药剂交替使用，减缓害虫产生抗药性。

第十七章

香蕉枯萎病综合防控技术

一、分布与为害

香蕉（*Musa* spp.）植物，是著名的热带和亚热带水果，原产亚洲东南部，主要集中在中南美洲和亚洲种植。香蕉是多国地区食物供应和经济收入的来源，仅在非洲和亚洲，就有大约 5 亿人靠香蕉为生，联合国粮农组织（FAO）将香蕉定位于发展中国家仅次于水稻、小麦、玉米之后的第四大粮食作物（Gewolb，Scienc，2001）。我国是世界上主要的香蕉生产国，香蕉栽培已有 3 000 多年的历史。2010 年种植面积达 530 万亩左右，产量 850 多万吨，在我国，香蕉是排在苹果、柑橘和梨之后的第四大水果，更是我国热区第一大水果。香蕉产业在我国热带、南亚热带地区农业中占有相当重要的地位，已成为我国热区农业的一大支柱产业，既为热区农民增加了收入，又为热区农村经济的发展、社会稳定和农民生活水平的提高发挥了重要的作用。

香蕉枯萎病是香蕉上最重要的病害之一，自 1874 年在澳大利首先发现以来，除了美拉尼西亚，索马里和南太平洋的部分岛屿未见报道外，在全球范围内的香蕉种植区都已有该病发生为害的报道。1896 年香蕉枯萎病在巴拿马发生，给当地的香蕉产业造成严重损失，引起了人们的广泛关注，因此该病又称香蕉巴拿马病。20 世纪初期，南美洲以优质"大蜜哈"香蕉[Gros Miche（AAA）]为主栽品种的地区，都遭受了当时为香蕉枯萎病菌 1 号生理小种的毁灭，90%以上的蕉园都感染了香蕉枯萎病。香蕉枯萎病对"大蜜哈"品种的毁灭是迅速彻底的，20 世纪 60 年代，抗 1 号生理小种的 Cavendish 品种代替"大蜜哈"种植，才恢复了香蕉产业。1967 年为害 Cavendish 品种的 4 号生理小种在我国台湾出现并鉴定，几年内便侵袭了台湾的 5 万多公顷蕉园，病原同时在加那利群岛和菲律宾出现，通过出口传播到全世界。目前，4 号小种已经严重为害澳大利亚、非洲、南美洲以及部分亚洲国家的香蕉生产。

香蕉枯萎病在我国的广东，广西，福建，海南，云南和台湾的部分地区均有分布。台湾于 1967 年首次发现该病，并在 20 世纪 70 年代大面积流行，香蕉的种植面积由 1965 年的 5 万 hm² 减少到 2002 年的 4 908 hm²。广东省中山市于 20 世纪 70 年代初发现香蕉枯萎病菌为害粉蕉。1996 年香蕉枯萎病菌 4 号小种引起番禺的巴西及广东 2 号品种发生香蕉枯萎病，并向周围市县传播，目前已有约 1 000 hm² 农田弃耕香蕉。香蕉枯萎病在蕉园的发病率为 10% ~40%，严重的可达 90% 以上。1999 年和 2001 年福建省鉴定了香蕉枯萎病菌 1 号小种和 4 号小种，在漳州市有 1 350 hm² 粉蕉发病，目前有许多地方无法种植粉蕉。

二、田间症状

香蕉的各个生长期，从幼小的吸芽至成株期都能发病。由于各个生长期土壤类型等情况的不同，外部症状也有些差异；病原菌的不同生理小种，也会导致不完全相同的症状。

1. 外部症状

受害蕉株初期老叶外缘呈现黄色，黄色病变初表现于叶片边缘，后逐渐向中肋扩展，致使整叶发黄迅速枯萎。叶柄在靠近叶鞘处下折，致使叶片下垂；随后病株除顶叶外，所有叶片自下而上相继变褐、干枯；心叶延迟抽出或不能抽出。病害后期，整株枯死，形成一条枯杆，倒挂着干枯的叶子。部分病株可以看到假茎基部出现纵裂，先在假茎外围近地面处开裂，继而开裂向内扩展。严重发病时整株死亡，有些病株虽能继续生长并抽蕾，但果实发育不良、果梳少、果指小，无食用价值。详见图 17-1。

左图：香蕉老叶外缘变黄，又称黄叶病；右图：假茎基部开裂

图 17-1　香蕉枯萎病外部症状（图片由黄俊生提供）

2. 内部症状

横切病株球茎及假茎基部，中柱生长点和皮层薄壁组织间，出现黄色或红棕色的斑

点，这是被病原菌侵染后坏死的维管束。这种变色也集中在髓部和外皮层之间的，内皮层内面维管束形成一圈坏死。纵向剖开病株根茎，初发病的组织有黄红色病变的维管束，近茎基部，病变颜色很深，越向上病变颜色渐渐变淡。在根部木质导管上，常产生红棕色病变，一直延伸至根茎部；至后期，大部分根变黑褐色而干枯。病茎旁所生吸芽的导管也会受侵染，纵剖球茎，可以看到红棕色的维管束从母株延伸侵染的迹象。病害严重的植株，整个球茎内部明显地变为深红色及棕褐色，中柱和内层的叶鞘变褐色；剖开病组织，有一种特异而不是臭的气味。只有在其他微生物再次侵染后，才腐烂发臭。详见图17-2。

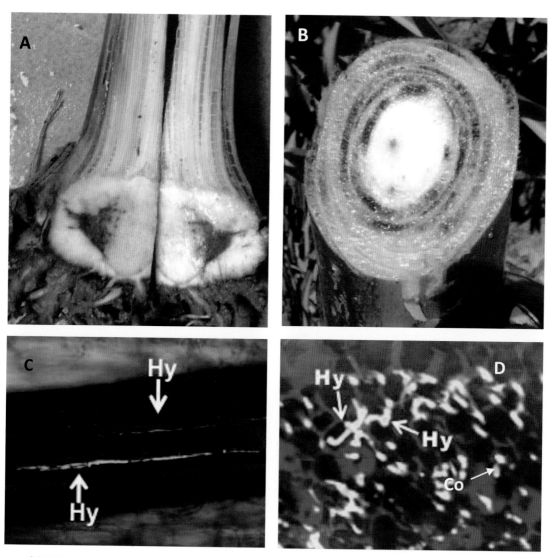

A：香蕉种苗球茎纵切面出现黑褐色；B：香蕉假茎横切面出现褐色或黑色；C：假茎纵切面显微图像显示，维管束组织有菌丝分布（Hy 表示菌丝）；D：球茎横切面显微图像显示感病位置有大量菌丝和孢子存在（Co 表示孢子）（图片A 和 B 由黄俊生提供，C 和 D 由郭立佳提供）

图 17-2　香蕉枯萎病内部症状

总之，香蕉枯萎病的主要病症有三点：一是植株外缘老叶变黄，有条形黄斑，下垂；二是假茎基部纵向开裂；三是纵切假茎和球茎的维管束变棕红至黑色。凡符合上述条件的香蕉植株均可怀疑为感染香蕉枯萎病。

三、病　原

病害名：香蕉枯萎病；香蕉镰刀菌枯萎病；香蕉尖镰孢枯萎病；香蕉巴拿马病；黄叶病。

病原拉丁名：*Fusarium oxysporum* f. sp. *cubense* Snyder & Hansen，（FOC）。

病原菌学名：尖孢镰刀菌古巴专化型。

病原分类地位：半知菌亚门（Deuteromycotina）丝孢纲（Hyphomycetes）瘤座孢目（Tuberculariales）镰刀菌属（*Fusarium*）尖孢镰刀菌（*Fusarium oxysporum*）。

1. 孢子形态

香蕉枯萎病菌有三种类型孢子：大型分生孢子、小型分生孢子和厚垣孢子。大型分生孢子产生于分生孢子座上，镰刀形，无色，具足细胞，3~7个隔膜，多数为3个隔膜，大小为（30~43）μm ×（3.5~4.3）μm，这些孢子一般可在死亡植株的表面和分生孢子座群中发现；小型分生孢子在孢子梗上呈头状聚生，单胞或双胞，椭圆形至肾形，大小为（5~16）μm×（2.4~3.5）μm，数量大，是在被侵染植株导管中产生量最多的孢子类型；分生孢子萌发的温度范围为8~36℃，最适温度为28~30℃，pH范围为3~10，最适pH为5~7。菌丝生长的温度范围为8~34℃，最适温度为26~28℃，pH范围为3~10，最适pH为6~7。厚垣孢子椭圆形或球形，顶生或间生，单个或成串，单个厚垣孢子（5.5~6）μm×（6~7）μm，0~1隔，厚垣孢子从老的菌丝体或分生孢子上产生。详见图17-3。

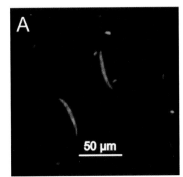 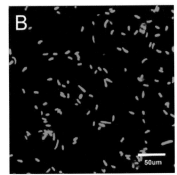 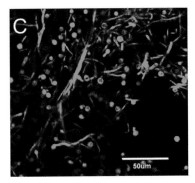

A: 大型分生孢子；B: 小型分生孢子；C: 厚垣孢子（图片由郭立佳提供）

图 17-3　尖孢镰刀菌古巴专化型孢子形态（图中为转绿色荧光蛋白的病原菌图片）

2. 菌落形态

香蕉枯萎病菌在 PDA 平板上菌落中心突起絮状，粉白色、浅粉色，背面呈肉色，略带有紫色；菌落边缘呈放射状，菌丝白色质密（图 17-4）。病原菌可正常生长温度为 15~35℃，最适生长温度为 26~30℃。适宜弱酸性环境，pH 5 条件下生长最好。香蕉枯萎病菌是兼性寄生菌，其腐生能力很强，在土壤中可以存活 8~10 年。病原菌进入寄主以后，采用死体营养方式，先降解寄主组织，再吸收营养。

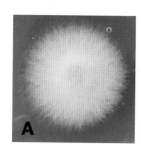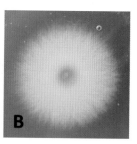

A：正面；B：背面

图 17-4 尖孢镰刀菌古巴专化型菌落形态（图片由郭立佳提供）

3. 专化型与生理小种

香蕉枯萎病病原菌有 4 个生理小种。1 号生理小种（FOC1）感染香蕉的栽培种"大蜜哈"和龙牙蕉（Mesa AAB），2 号生理小种（FOC2）在中美洲，仅感染三倍体杂种棱香蕉（Bluggoe ABB），3 号生理小种（FOC3）感染野生的羯尾蕉属（Heliconia spp.），4 号生理小种（FOC4）感染几乎所有的香蕉种类，如 Cavendish、"大蜜哈"、矮香蕉（Dwarf Cavendish AAA）、野蕉（BB）和棱指蕉，为害性最大（表 17-1）。

表 17-1 尖孢镰刀菌古巴专化型各生理小种及寄主或为害品种（据许林兵等，1992）

生理小种	寄主或为害品种
1	大密哈（AAA）、龙芽蕉（AAB）、丝（AAB）、台湾拉屯旦（AAB），IC2（AAAA）
2	布古（ABB）、和相近种、一些牙买加的四倍体（AAAA）
3	揭尾蕉属 洪都拉斯、巴拿马、哥斯达黎加的野生种
4	所有卡文迪许品种（AAA）、台湾拉屯旦（AAB）、大密哈、蜡烛蕉（AA）、布古（ABB）

四、侵染循环

香蕉枯萎病为土传、系统性维管束病害，初侵染来源主要是带菌的球茎、吸芽、病株残体及带菌土壤和水源。病原菌主要是从罹病蕉树的根茎通过导管延伸至繁殖用的吸芽内，当应用有病的吸芽进行繁殖时，病害就会传播开来。病蕉根部周围的土壤，也是病菌存留的场所，如在带病的土壤上种植蕉苗，病菌可以从根部侵入，并通过寄主维管束向茎上发展。土壤中病菌侵入寄主的方式一般是通过受伤或无伤的幼根，或受伤的根茎，进而向球茎及假茎蔓延。在茎基部侵入病菌可以沿着导管系统而进入吸芽。当母株发病枯萎后，吸芽还可以带病继续生长一段时间。全株枯死后，病原菌能在土壤中营腐生生活。

香蕉枯萎病菌随病株残体、带菌土壤、耕作工具、病区灌溉水、雨水、线虫等导致近距离传播蔓延，带菌吸芽、土壤、二级种苗及地表水成为远距离传播方式。病菌能侵染一些杂草，但不表现症状，在没有种植香蕉时营腐生生活，待日后侵染。杂草中的病菌也可以通过农事操作进行传染。天气多雨，温度较高时病害严重；土壤 pH 6 以下，沙壤土、肥力低、土质黏重、排水不良、下层土渗透性差的地块，均有利于病害发生。详见图 17-5。

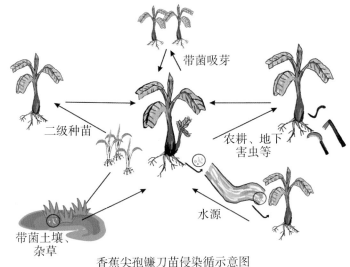

香蕉尖孢镰刀苗侵染循示意图

图 17-5　香蕉尖孢镰刀菌古巴转化型侵染循环示意图

1. 附　着

尖孢镰刀菌的侵染从侵染菌丝或孢子附着在宿主根系表面开始，附着在宿主表面是一个非特异的过程，它们可以附着在宿主表面也可以附着在非宿主的表面（Vidhyasekaean, 1997）。如果还需要定殖，则位点特异性识别对于繁殖体锚定在根表面很重要的（Recorber *et al*, 1997）。

2. 入　侵

尖孢镰刀菌的入侵是由一系列不同的因子所决定的，这些因子包括宿主植物的表面结构、真菌自身产生的一些化合物、促进或抑制真菌孢子萌发的物质，以及真菌萌发管的形成等（Mengden et al, 1996）。这意味着不同的尖孢镰刀菌入侵植物根系表面的方式可能会有差异。但是，基本可以分为两种类型：一类是直接入侵，即病原体侵染菌丝直接穿透植物根系表面；而另一类则是间接入侵即通过根系表面的伤口侵入（Lucas, 1998）。直接入侵的方式大多有一个共同点，那就是不管是从主根还是从侧根入侵都是从根尖或者接近根尖的部位侵入。这可能是由于根尖的内皮层还没有完全分化，因此真菌能够穿透并且直达原生木质部（developing protoxylem）。有报道尖孢镰刀菌能够穿透香蕉、翠菊萝卜和甘蓝的根冠和伸长区的细胞间隙（Brandes, 1919; Ullstrup, 1937; Smith et al, 1930），康乃馨专化型（F. oxysporum f. sp. dianthi）可能透过伸长区进入康乃馨根部（Pennypacker et al, 1972）。甜瓜专化型也可以从感病品种的根尖伸长区的细胞间入侵（Reid, 1958）。可见尽管机械损伤可以提高侵染的机会，但却并不是根部侵染所必须的（Stover, 1962）。

3. 定　殖

尖孢镰刀菌进入植物体后，其菌丝体就沿着根部皮层的细胞间隙生长，到达木质部后通过纹孔进入导管，并继续在木质部导管内沿着导管生长，定殖在宿主植物体内（Bishop et al, 1983b）。它还能在木质部导管分子内形成小型分生孢子，并顺着植物体内由于蒸腾作用引起的液体向上流动而向上转移，因此它在宿主维管束系统中能迅速的拓展定殖（Beckman et al, 1961; Bishop et al, 1983b）。当导管的穿孔板阻碍了孢子的向上移动，则孢子萌发产生的萌发管能穿过穿孔板（Beckman et al, 1961; Beckman et al, 1962）而继续向上生长。

4. 发　病

枯萎病的发生是由于尖孢镰刀菌在植物体内的一系列生长与代谢活动引起的。包括菌丝在木质部的积累和毒素的产生。而宿主植物会被激发产生一些防御反应包括树胶、侵填体等的产生以及由于临近的薄壁细胞的增殖导致的导管被压碎（Beckman, 1987）。枯萎病的症状是由于严重水分胁迫，导管堵塞引起的。外部症状表现不一，包括脉明、叶片偏上生长、萎蔫，黄化、坏死和脱落。严重感染的植株整株枯萎死亡，而感病程度较轻的植株表现为矮小、发育不良。最显著的植物内部症状表现为维管束褐变（MacHardy et al, 1981）。

5. 信号传导在真菌致病过程中的作用

尖孢镰刀菌具有的信号传导机制使它能够感知环境信号并能作出反应以便于侵染植物（Di Pietro et al, 2003）。从大部分的真菌研究中可以归结得出两条调控病原真菌生长、发育和毒力的信号传导路径：环化腺苷酸（cAMP）依赖蛋白激酶（PKA）信号系统（cAMP-PKA）级联和丝裂原活化蛋白激酶（mitogen-activated protein kinases, MAPKs）级联（Lengeler et al, 2000）。这两条信号传导途径都为病原真菌致病机制所必须，并且在真菌形成各种特殊的侵染结构的过程中占据重要角色，例如附着胞的形成，是许多从植物地上部分侵染的真菌所形成的一种重要侵染结构（Lengeler *et al*, 2000）。在土传病原真菌尖孢镰刀菌中 cAMP-PKA 和 MAPK 途径所扮演的角色并没有完全被人们了解，尽管有证据表明这两条信号传导途径在尖孢镰刀菌中起着一定的作用。

MAPK 途径。丝裂原活化蛋白激酶是存在于真核生物细胞内的一类丝氨酸 / 苏氨酸蛋白激酶，其可将细胞外的信号传导到胞内并引起一系列的细胞生物反应，因此具有非常重要的作用。目前发现真菌 MAPK 主要参与真菌生长发育、胁迫响应和调控致病性等过程（范永山等，2004）。Di Pietro 等（2001）的研究表明，尖孢镰刀菌番茄专化型（F. oxysporum f. sp. lycopersici）中与酵母的 Fus3/Kss1 MAPK 直系同源的 MAPK 编码基因 fmk1 缺失突变体失去了侵染番茄的能力，并且也不能使植株产生任何的症状。这一研究结果表明了 MAPK 途径参与调控尖孢镰刀菌番茄专化型对番茄的致病性，并具有以下作用：①在侵染宿主前期，FMK1 参与调控尖孢镰刀菌对宿主根部表面的黏附过程。研究发现 fmk1 缺失导致病原菌与宿主附着相关的胞外的一类表面疏水蛋白表达水平降低（Wosten *et al*，1994）。②FMK1 参与调控尖孢镰刀菌一些细胞壁降解酶的表达。fmk1 缺失导致突变体表现出了两种参与降解植物细胞壁的果胶酶——PG 和 PL 的表达量的下降。这表明了 fmk1 参与了调控与侵染早期相关的胞外蛋白的表达。

G 蛋白与 G 蛋白偶联途径。在信号传导组分中，G 蛋白即异源三聚体鸟苷酸结合蛋白（GTP binding proteins），它们作为分子介质在循环于无活性的 GDP 结合态和有活性的 GTP 结合态的同时，通过与受体和效应物的相互作用，将信号从激活的膜受体传递到细胞内，从而调节基因表达、细胞生长分化等各种生理过程（Mehrabi，2006；Orun，2006;Vette，2001；Lania *et al*，2001；Recorbet *et al*，2003）。G 蛋白由 α、β、γ 三个亚基组成，其中 α 亚基为大亚基，能够结合 GDP 和 GTP，具有水解 GTP 的 GTPase 活性，而 β 亚基和 γ 亚基总是结合形成异源二聚体共同作为一个功能单位亚基，是 Gα 亚基与质膜和受体有效地结合所必须（Orun，2006；Hirschman *et al*，1997）。

丝状真菌通常有三个编码 G 蛋白 α 亚基的基因和一个 β 亚基编码基因。研究表明 G 蛋白 α 基因不仅与生物体的生长发育过程有关，还与丝状真菌的致病性有关（Liu *et al*，1997；choi *et al*，1995；Truesdell *et al*，2000；Gronover *et al*，2001；Jain *et al*，2002）。深绿木霉（Zeilinger *et al*，2005）（Trichoderma atroviride）、粗糙链孢菌（Turner *et al*，1993）（Neurospora crassa）、粟疫病菌（Choi *et al*，1995）（Cryphonectria parasitica）、玉蜀黍黑粉菌（Regenfelder *et al*，1997）（Ustilago maydis）玉米小斑病菌（Horowitz *et al*，1999）（Cochliobolus heterostrophus）中均分离出编码 G 蛋白 α 亚基基因，进一步研究表明这些基因与营养生长、有性生殖、分生孢子产生和附着、附着孢的形成、致病性有关。Jain（2002）等人从尖孢镰刀菌黄瓜专化型中分离克隆出编码 G 蛋白 α 亚基的 fga1 基因，研究发现△fga1 突变体表现出生长形态的变化，在固体培养基中产孢减少，致病力减弱。

这一突变体也表现出了 cAMP 水平的降低。

G 蛋白 β 亚基编码基因也与许多植物致病真菌如玉米赤霉菌（Yu *et al*，2008）（Gibberella zeae）栗疫病菌（Kasahara *et al*，1997）（Cryphonectria parasitica）禾生球腔菌（Mehrabi，2006）（Mycosphaerella graminicola）、异旋孢腔菌（Ganem *et al*，2004）（Cochliobolus heterostrophus）等的生长、繁殖、致病性有重要关系，并且与 α 亚基编码基因在功能上有相似性。在尖孢镰刀菌中也克隆得到了编码 G 蛋白 β 亚基基因 fgb1（Jain *et al*，2003;Delgado-Jarana *et al*，2005），接种至黄瓜上的△ fgb1 突变体表现出了明显的致病力减弱。同时还发现△ fgb1 突变体的生理特性和菌落形态的改变。

这些研究结果表明，在尖孢镰刀菌中，G α 与 G β 亚基通过调控 cAMP-PKA 途径调控着菌丝的生长，分生孢子的产生及其毒力（Di Pietro *et al*，2003）。

可见与其他病原真菌如稻瘟菌（M. grisea）、黑粉菌（Ustilago maydis）、白色念珠菌（Candida dlbicans）（Lengeler *et al*，2000）一样，MAPK 途径和 cAMP-PKA 途径也都调节着尖孢镰刀菌的毒力的调控。

五、防治技术

香蕉枯萎病的防治技术包括：抗病品种选育、安全育苗、病原菌早期检测、农业防治、化学防治及生物防治。

1. 抗病品种选育

大部分香蕉栽培品种为三倍体，不能产生种子，常规的杂交选育工作比较困难，而应用胚性悬浮细胞作为材料的转基因工程技术尚不成熟，因此在香蕉的抗性育种研究中，大多通过体细胞变异筛选进行选育。20 个世纪 80 年代，台湾香蕉研究所通过体细胞变异筛选对 Cavendish 进行抗枯萎病选育，筛选出了 GCTCV 序列的 "Tai Cao No.1，台蕉 1 号"和 "Formosana，宝岛蕉"，具有显著的抗枯萎病能力。近几年在海南得到较大面积推广的农科一号，是由广州市农业科学院研究所应用体细胞变异从巴西蕉中选育的，在性状、外观性状、生育期和果实品质方面与巴西蕉品种相近。

近年来，丹麦、奥地利、南非、巴西、马来西亚；我国台湾省和国内其他省（区）都开展了香蕉诱变育种研究，并取得了一定进展。我国的台湾省选育出抗香蕉巴拿马枯萎病 4 号生理小种的台蕉 1 号，台蕉 2 号、台蕉 3 号和宝岛蕉（GCTCV-119）等一系列品种（系）。广东等地也培育出不同的抗病品种，主要有在 "台蕉一号"的基础上培育出 "农科一号"，抗病效果较好，华南农大选育的香蕉新品系 "粤优抗 1 号"据报道抗病效果明显，据报道印度国家香蕉研究中心（NRCB），获得了 AAB 组品种 "Maca"抗该菌 1 号生理小种的抗病系。除上面的台蕉和宝岛蕉系列，其他市面上主推的还有粉杂 1 号、粤丰 1 号、南天黄、抗枯 5 号和闽蕉 6 号等中高抗品种。但是，抗病品种一般农艺形状存在一定缺陷，如产量较低、叶柄脆弱、植株高大、生长周期长、果实脱绿期长、品质较差、商品价值低等。

随着生物技术在育种中的应用，利用基因工程的手段进行香蕉转基因育种成为各国研究的热点，各国的研究机构相继在微繁殖、单克隆抗体、分子生物学和遗传转化等方面开展了研究，其中遗传转化从单一的农杆菌感染到与基因枪法相结合，据报道丹麦在转基因抗病品种的选育中得到不同的抗病品系。香蕉体细胞杂交的应用，使用原生质融合技术，建立体细胞杂交体系，但存在着体细胞杂合体的频率很低且实验重复性差等缺点。在国内，许多的科研人员在转基因领域进行研究，具有代表性的是李平华等以芽尖为外植体探索农杆菌侵染转化的条件，裴新梧等人把葡萄糖氧化酶基因导入香蕉，获得抗枯萎病的植株品系。到目前为止，仍没有转基因抗病品种大面积推广。但随着生物技术的发展和完善，人们改造香蕉遗传成为可能，相信在不久的将来我们能够培育出高产、耐寒、抗倒、果实品质优良的香蕉转基因抗病品种。

2. 安全育苗

从 20 世纪 90 年代开始，香蕉种苗生产以组织培养繁殖香蕉组培苗为主。香蕉组培苗分为瓶苗和袋装苗，瓶苗是指小植株的一级组培瓶苗，袋装苗是指供大田定植的二级营养袋苗。瓶苗的培育包括外植体的准备、外植体的培养及继代培养、生根培养；袋装苗的培育包括大棚育苗、苗圃管理、种苗分级、炼苗、出圃。香蕉组培苗的培育可参考农业行业标准《香蕉　组培苗》（NY 5023—2001）和魏守信等编著的《香蕉周年生产技术》。为避免由于种苗带菌而使香蕉枯萎病的远距离传播，在组培苗的育苗过程中必须采取一系列的安全措施。

（1）外植体材料的选择

应在未发生香蕉枯萎病的蕉园，选择果梳整齐、果实大小均匀、产量高、无病害症状的健壮母株的吸芽。吸芽应按株系进行编号并建立株系档案。

（2）袋装苗育苗地点选择

应在交通方便，水源充足，排水良好，且远离老蕉区，周围无茄科、葫芦科作物，以防止病毒病传播。不在香蕉枯萎病区内建立育苗基地。育苗棚周围应清除杂草并保持清洁，大棚四周加盖 40~60 目的防虫网一层，棚内外定期喷药杀灭蚜虫。

（3）苗圃消毒处理

营养土不得使用香蕉枯萎病区土壤，必须杀菌消毒处理，所用水源须经消毒杀菌处理。育苗用工具要专物专用，定期进行消毒处理。袋装苗在装袋（杯）前，要对基质材料及营养土进行消毒，对运进的瓶苗进行适当的病虫害处理。人员出入育苗棚时，采取隔离和消毒措施，防止人为传播检疫性病原给假植苗或营养土。

（4）袋装苗的培育

为保证香蕉苗有充足的营养和生长空间，袋装苗使用口径或直径为 10~15cm、高 10~15cm 的黑色育苗袋（杯）。袋装苗培育使用多元复合肥作为追肥，不得使用含氮量高的叶面肥。袋装苗（杯苗）在移栽前 15 天不施用肥料，确保种苗质量和移栽成活率。

（5）运输工具消毒处理

种苗出圃时要对种苗运载工具进行消毒处理（主要指汽车、塑料筐或木箱运苗外出返回苗圃时进行消毒）。

（6）出圃苗的要求

袋装苗出圃标准应当符合《香蕉苗国家标准》的分级规定。同时应对出圃前种苗进行抽样检测，杜绝发病种苗出圃。

3. 病原菌早期检测

香蕉枯萎病是土传病害，香蕉一旦感病后难以进行有效控制，加强检疫防控，对病害的发生进行早期预防是阻断病害蔓延的有效措施之一。其中，对种植地的土壤、灌溉用水源以及种苗等介质进行带菌测定，可为提前预防病害的发生起到指导性的预警作用；同时，确定病原的种类可为防治病害提供参考；其次，定位病害中心的位置可为有效控制病害的蔓延提供依据。目前，综合应用特异性专用培养基和分子检测技术可以做到对病原菌的检测，而定期对种植区进行监控，可以实现对病害发生的早期预警。

（1）香蕉尖孢镰刀菌特异性专用培养基

目前有报道的很多专用选择性培养基可有效培养尖孢镰刀菌，黄俊生课题组等研制了一种用于检测香蕉枯萎病病原菌的选择性培养基 –PCEA，其成分为：马铃薯 200 g，$CuSO_4 \cdot 5H_2O$ 0.5g，$MgSO_4 \cdot 7H_2O$ 0.6g，KH_2PO_4 0.1g，敌克松结晶粉（75%）3 g，硫酸链霉素 0.50g，95% 酒精 10mL，水 1 000mL，pH 5.8，琼脂 18~20 g。该培养基与其他常见分离培养基相比，无需灭菌操作，且成分简单、检测率显著，抑菌效果好，病菌在其上生长快、菌落典型，是一种较为理想的选择性培养基，该技术可为香蕉枯萎病的早期快速检测监测提供辅助鉴定。

（2）FOC 多重 PCR 检测体系的建立

有研究通过 FOC 的进化相关基因（18S rDNA 和 ITS）、致病相关基因（fga1、FPD1 基因）和 RAPD 分子标记三种基因类型的综合分析，分别设计特异性引物，构建多重 PCR，可对不同种属的镰刀菌、不同感病时期、不同部位的病原菌进行检测，同时也可对土壤和水源中的 FOC 进行抽样检测研究。

4. 农业防治

（1）轮作技术

常见的轮作植物为水稻，根据不同地形的要求，海南轮作玉米，甘蔗，番木瓜，西甜瓜和菠萝等。在广东省番禺地区，常见蕉农应用韭菜轮作或者套种的方法对香蕉枯萎病进行防控，效果比轮作甘蔗和水稻明显。

（2）土壤深翻和消毒技术

把深层土地翻到地表暴晒，进行阳光消毒。改善土壤通透性，提高土壤保水保肥能力；种前通过机耕进行深翻，可降低土壤中病原菌数量，有效控制病害的发生。土壤化学消毒可用1 000~5 000倍咪酰胺和恶霉灵进行保湿处理，然后进行保湿密闭消毒。植前施用土壤改良剂或石灰调节土壤酸碱度；对于根结线虫较重地块，施用淡紫拟青霉和芽孢杆菌复配生物有机菌肥进行协防，防止伤根，减少感染机会。

（3）合理施肥技术

香蕉是喜钾植物，栽种过程应注意氮、磷、钾配合施用并增施钙、镁肥，以增强蕉株抗病和耐病性能。种前以充分腐熟的农家肥作为基肥，植后前3个月以液施为主，施用含有复合拮抗微生物的抗枯专用有机菌肥，后期使用有机肥进行追肥，通过对土壤中微生物种群的调节，控制香蕉枯萎病菌的繁殖，是有效控制病害发生的方法之一。

（4）套种与生态覆盖技术

套种番薯和生态覆盖：蕉园套种番薯是高秆长生育期与矮秆短生育期作物的搭配，在充分利用空间和光热资源的同时，对蕉园进行生态覆盖，即可保持土壤湿度，又可增强生防菌剂、化学药剂等对病虫害的防治效果，且简便易行，综合效益高。

（5）病株处理技术

香蕉树病株体积大，直径20~30cm，尤其地下球茎部分，不易搬迁移除；病原菌主要集中在维管束部位，不易灭菌消毒，自然枯萎时间长，极易导致病菌以发病株为中心在田间蔓延扩散并引起大面积发病，因此对田间发病的植株应及时采取相应的配套措施进行处理。

①香蕉园一旦出现发病植株，应尽早进行假茎基部打孔灌药灭除处理，可应用专门杀菌致枯剂（含有咪鲜胺，多菌灵，草甘膦，二甲基亚砜，乙二醇和黄原胶）和打孔施药装置进行处理。病株周围喷施3 000倍45%咪鲜胺和生防芽孢杆菌剂后，用薄膜覆盖发病区域。②对病穴进行土壤消毒；病株除去后，病穴施石灰及多菌灵杀灭病菌，并以土覆盖。病穴周围两米范围的蕉株用50%多菌灵500倍液淋根。③根结线虫协防：香蕉园如果根结线虫比较严重，会加重枯萎病为害。每月两次定期喷施水溶性E7淡紫拟青霉菌肥。④病区内实行独立排灌，严禁带菌水流入无病蕉园。⑤病区耕作用过的工具必须浸入50%福尔马林药液消毒后，才能用于无病蕉园耕作。⑥发病30%以上的蕉园，应改种水稻或水生作物，水淹两年后再种蕉。

5. 化学防治

香蕉镰刀菌枯萎病是为害香蕉产业的毁灭性病害之一，目前还没有有效的化学药剂。

2003 年国际香蕉枯萎病研讨会上，Nel 等（2003）做了关于香蕉枯萎病化学防治的综述，认为除苯丙噻二唑对香蕉枯萎病有一定的防治效果外，其他化学药剂几乎无效。一些文献中推荐的药剂和使用方法如下。

（1）土壤消毒剂

绿亨一号＋多菌灵、五氯硝基苯＋多菌灵、多菌灵＋普克和敌克松＋普克，用 600~800 倍浓度在香蕉种植时结合淋定根水灌根，可抑制土壤中的香蕉镰刀菌繁殖，减少菌源，推迟或减轻香蕉发病。改性石灰氮也可以作为种前或者发病株的土壤消毒剂，对土壤进行消毒处理。

（2）叶面喷施

多菌灵＋普克、敌克松＋普克与农一清等叶面肥配合喷施使用，以增强香蕉对病害的抗性。

（3）蘸根

苯菌灵和脱甲基化抑制性杀菌剂蘸根处理，可显著减轻病情。

（4）诱导抗病

亚硫酸氢钠甲萘酮（menadione sodium bisulphite，MSB）具有诱导催化香蕉植株对枯萎病的抗性。

（5）化学防治药剂

● 杀菌剂

①咪唑类，40% 灭菌净是以有机硫、咪唑类农药、添加助剂复配而成的新型杀菌剂，对枯萎病具有一定的防效。②安索菌毒清，5% 安索菌毒清防治棉花枯萎病的防效达 36.5%~51.7%，且随浓度升高防效增加，生产上应用采用 200 倍液，200 mg/ 穴，定苗后灌根，生长期灌根 2 次。③华光霉素，朱昌雄等通过测定 20 种助剂对华光霉素制剂的影响，结果筛选到 4 种对华光霉素的抑菌作用增效的助剂，用于西瓜枯萎病菌、棉花枯萎病菌和苹果轮纹病菌防治防效较高。④菌线威，徐宗刚等用不同剂量的菌线威在西瓜定植和膨瓜期进行灌根试验，结果表明每 67.5 m² 计 90 株西瓜，每次用菌线威 5g、7g、9 g 对水 45 kg，于定植时和膨瓜初期 2 次灌根对枯萎病的防治效果较好，尤以每次用菌线威 9 g 对水 45 kg 的处理效果最好，在连续 2 年重茬田中应用后，西瓜枯萎病病情指下降。⑤丰抗素，用 27-1 丰抗素在棉花各生育期用不同剂量次数喷施的结果表明，丰抗素对棉花枯萎病有一定的抑制作用。⑥硅唑类，李文明等合成了 20 个新型含硅唑类化合物，其化学结构经 IR、MS、HNMR 和元素分析确证，生物活性测定显示一些化合物对棉花枯萎病菌等有较好的抑制活性，一些化合物对黄瓜灰霉病菌的抗性菌有很好的活性，讨论了化合物的结构与生物活性关系。⑦二硝基苯胺类，棉花感病品种播入含二硝基苯胺类化合物（FOV）的育苗土中，移栽后能明显提高对棉枯萎病的抗性，效果达 70%. 二硝基苯

胺类化合物为非杀菌化合物，试验表明该化合物对 FOV 的生长无抑制作用，反而还能刺激菌丝生长和孢子萌发。FOV 处理过的棉苗萎病菌侵染率低。⑧枯萎立克，郑仁富等报道在棉花枯萎病重发棉田，用 500 倍枯萎立克在棉花苗、蕾期各喷施一次能有效降低棉花枯萎病发病率，显著提高棉花保苗效果，能显著提高棉花产量，增加植棉经济效益。⑨铜制剂，罗巨海等报道通过铜大师不同比例拌种、灌根和喷施，对棉花苗期的根腐病、立枯病、枯萎病均有防治效果，其中拌种、灌根、叶面喷施以 80 倍液效果最好，防治效果分别达 69.62%~83.84%。

● 除草剂（氟乐灵）

田间试验结果，除草剂氟乐灵 48% 乳油以 0.86 kg/hm² 作棉苗播前土壤处理，可明显减轻棉花枯萎病的发生，在现苗期，施用氟乐灵后对感病品种沪棉 2011 和抗病品种中棉 12 枯萎病株发病率的防治效果分别 48.25%~69.42% 和 49.41%~70%。氟乐灵（2 μg/g 土）能诱发枯萎病菌侵染后棉苗叶片和根茎部不同细胞定位过氧化物酶（POD）活性的变化，结果表明：①总可溶性 POD、胞内 POD、胞间 POD 以及细胞壁结合型 POD 的活性抗病品种高于感病品种；②氟乐灵诱发处理后提高棉苗叶片和根茎部的过氧化物酶（POD）和对枯萎病抗性。田间试验在棉花枯萎病常年发病田以 175 mL48% 氟乐灵乳油 / 亩的剂量处理，播种棉籽后以含氟乐灵（1.0~1.5 mg 有效成分 /kg 土）的土壤覆盖，以清水处理为对照，结果表明氟乐灵处理组的出苗率高于对照。

6. 生物防治

随着人们对生态环境、食品安全、绿色食品等问题的日益关注，生物防治在农业生产中越来越广泛的应用，生物防治不仅能减少对化学农药的依赖，对环境生态有益，而且还具有防效持久、专一性强、效果稳定、对环境微生物群落影响极小等优点；随着生物技术的完善和发展，新型高效稳定的生防制剂会在现代农业生产中发挥重大作用。在土传病害方面，包括我国在内的大多数国家均极少有防治植物土传病害的无公害农药注册。在香蕉枯萎病的生物防治中主要有以下几类：生防细菌、真菌、放线菌。

（1）细菌类生防菌

香蕉枯萎病的生防细菌主要有芽胞杆菌。周登博等利用甲基营养型芽胞杆菌发酵液提高盆栽香香蕉的酶活（周登博等，2013）。朱利林等筛选到枯草芽胞杆菌通过证明其能在香蕉根际定殖，盆栽防效达到 78.8%。芽胞杆菌抗逆性强，害能形成生物膜和分泌抗菌脂肽（朱利林，2012）。是防治香蕉枯萎病的优良菌株（Zhang N，2011，Cao Y，2011），其防病机制表现为产生多种抗菌物质、营养竞争、增强植物产生抗病性和长势等方面（朱利林等）通过枯草芽胞杆菌 T21 发酵液灌根和叶腋喷施对田间防效均达 60% 以上（喻国辉，2010，牛春艳，2010）。近年来前人已从补充土壤营养的角度，将芽胞杆菌与有机肥结合施用（Cao Y，2011），盆栽试验对香蕉枯萎病防效达 30 以上（匡石滋等，2013），能提高香蕉防御酶活性（何欣等，2010）。另外荧光假单胞菌、绿脓杆菌对香蕉枯萎病均有拮抗作用，添加假棘树的压滤渣作为营养载体时能提高抑病效果（Saravanan, et al, 2003）。其他分离到的生防细菌还包括绿脓杆菌、黏质沙雷菌、荚壳布克氏菌等（Ting et al, 2003）。

（2）真菌生防资源

包括木霉属真菌（*Trichoderma*）、丛枝菌根真菌（*Arbuscular mycorrhize*，AM）、非致病尖孢镰刀菌和淡紫拟青霉（*Paecilomyces lilacinus*）。用于枯萎病生物防治的真菌中，研究应用较多的有木霉属真菌（*Trichoderma*）、丛枝菌根真菌（*Arbuscular mycorrhize*，AM）等。木霉类真菌生长迅速，有利于与病原菌抢占生态位点，分泌活性物质，具有一定定殖能力，在室内表现较强抑菌活性，提高香蕉防御酶活性（王亚等，2012，吴琳等，2010）。AM菌根是自然界普遍存在的一类真菌与植物根系建立的互惠共生体，它可促进共生植物的生长，增强植株的抗逆性，应用AM真菌防治枯萎病是利用它与镰刀菌存在的竞争关系。已报道用于防治枯萎病的有哈次木霉（*Trichoderma harzianum*）和绿色木霉（*Trichoderma viride*）。电镜扫描表明，哈茨木霉菌对枯萎菌丝有强烈的寄生作用，产生吸器直接穿入枯萎菌丝，分泌胞外溶菌酶，从而减轻病害。

优良生防真菌淡紫拟青霉对香蕉枯萎病也有较好的控病作用（汪军，2008，2013），而且对多种尖孢镰刀菌具有拮抗活性，已报道的淡紫拟青霉菌株E7可对香蕉枯萎病小区试验中防效达到69.61%，淡紫拟青霉080409-13和080819-B2-1发酵液对香蕉枯萎病盆栽防效均在80%以上，对峙培养对香蕉枯萎并对抑制率均分别为62.00%和71.00%（刘昌燕，2010）。

（3）放线菌

大多数具有拮抗能力的放线菌均为链霉菌生防菌，主要通过分泌抗菌素抑制枯萎病菌的生长，达到控病的目的。如玫瑰浅灰链霉、菌灰肉色链霉菌均有较强的拮抗活性（曹理想等，2003，张桂兴等，2003）；李松伟等分离到放线菌H10OI和H1010，与有机肥、木霉和拟青霉组成的复合菌菌剂对香蕉枯萎病小区防效达47.79%。秦寒春分离到2株放线菌D4-4-L和ZJ-E1-2对香蕉枯萎病盆栽防效达86%以上。

（4）复合生防菌肥

直接将拮抗生防菌剂施用防控土传病害，效果并不理想。采用拮抗生防菌剂与生物有机肥复配或发酵后施用，建议复配具有拮抗互补作用的2种以上拮抗菌剂，能显著提高拮抗菌防控香蕉枯萎病等土传病害等功效。利用哈茨木霉SQR-T037菌株与有机肥制备的获得不同剂型的生物有机肥，显著降低了黄瓜枯萎病发病率，并提高了黄瓜产量（Yang et al, 2011）。添加 *B. subtilis* HJ15和DF14到有机肥中，混合后经固体发酵获得生物有机肥处理盆栽棉花后，可明显减轻黄萎病的发病程度（Luo et al, 2010）。盆栽和大田试验中采用营养钵育苗施用含 P. polymxa SQR-21 的生物有机肥可显著的减轻西瓜枯萎病发病程度

（Ling *et al*，2011）。周端咏和潘江禹等研究表明适宜浓度尿素等肥料对拟青霉产孢量和土壤定殖力有明显的促进作用。枯草芽胞杆菌与有机肥组合提高了香蕉 β-1-3-葡聚糖酶活性（匡石滋等，2013）；含有解淀粉芽胞 W19 的生物有机肥将盆栽香蕉枯萎病的发病率降低 23%（Wang B *et al*，2013）。复合生防菌肥的研制不仅可有效提高作物产量，改良土壤生态环境，而且有利于预防和防治土传病害发生和为害，减少农药的使用量，促进绿色农业的发展。

第十八章
香蕉褐缘灰斑病综合防治技术

一、分布与为害

在香蕉的生产上，褐缘灰斑病是最严重的真菌病害之一，早在 20 世纪 30 年代初期已在中美洲和南太平洋地区普遍发生，褐缘灰斑病为害造成香蕉叶片大量干枯死亡，致使果实产量严重减产，同时影响果实的品质，特别是贮运保鲜，褐缘灰斑病为害后，催熟过程中成熟不一致，着色不均匀，无商品价值。

香蕉褐缘灰斑病分为 2 种：黄条叶斑病（yellow Sigatoka）和黑条叶斑病（black Sigatoka）。黑条叶斑病传播速度快，防治困难，为害更加严重。

黄条叶斑病：该病最早于 1902 年在印尼的爪哇被发现。1912 年在斐济的 Sigatoka 广泛流行，并定名为黄条叶斑病。1962 年以来，黄条叶斑病一直作为一种流行性病害在世界各地的香蕉种植区相继发生。

黑条叶斑病：1963 年（Wieckhorst Silke 认为 1964 年），斐济岛最早报道了由 *M. fijiensis* 引起的黑条叶斑病。后来该病在整个太平洋群岛相断报道。1972 年，美洲第一次有报道是在洪都拉斯，向北传播到危地马拉、洪都拉斯首都伯利兹城和墨西哥南部，向南拓展到萨尔瓦多、尼加拉瓜、哥斯达黎加、巴拿马、哥伦比亚、厄瓜多尔、秘鲁和玻利维亚。最近报道是在委内瑞拉、古巴、牙买加、多米尼加共和国，威胁着加勒比海的其他国家。黑条叶斑病 在亚洲也有发生（不丹，中国的台湾岛及南中国地区包括海南岛，越南，菲律宾群岛，马来群岛以西，印尼苏门答腊岛）。在非洲，赞比亚于 1973 年第一次被报道，1978 年加蓬也有报道。黑条叶斑病沿着西海岸线到达喀麦隆、尼日利亚、贝宁湾、多哥、加纳、科特迪瓦。该病在刚果发生，向东最有可能跨过刚果民主共和国（不包括扎伊尔）到达布隆迪、卢旺达、坦桑尼亚以西、乌干达、肯尼亚和中非共和国。黑条叶斑病被认为是香蕉叶斑病害中最重要的病害。在大多香蕉种植区，黄条叶斑病很大程度上已被黑条叶斑病所代替。

壳针孢叶斑病：此病于 1989 年在尼日利亚已有发生。1992—1995 年在南亚和东南亚调查黄条叶斑病和黑条叶斑病的分布时发现该病在南印度、斯里兰卡、西马来群岛、泰国、越南为害。1997 年在毛里求斯也有该病的报道。直到 2000 年，Carlier 等经过 ITS 和

5.8 SrDNA 鉴定后认为它是另一个种——芭蕉球腔菌 *M.eumusae*，其无性世代为芭蕉壳针孢 *Septoriaeumusae* 并将病害名称命名为壳针孢叶斑病。

二、症　状

要正确区分黑条叶斑病和黄条叶斑病这两种病的症状有时非常困难。通常来讲，黄条叶斑病的第一症状是在叶子正面出现浅黄色条纹，而黑条叶斑病则是在叶背出现深褐色的条纹，两者开始都是 1~2mm 长，然后逐渐加剧扩大成有黄色晕圈和浅灰色中心的坏死组织。病斑汇合和传播开从面损毁大面积的叶片组织，导致减产和果实的早熟。相比之下，黑条叶斑病比黄条叶斑病更为严重，因为它会出现在更为早期的叶片上发病，因此会损坏植物的光合组织，造成更大的伤害。而且，黑条叶斑病能侵染很多对黄条叶斑病产生抗性的品种（例如 AAB）。根据某些个案的报道，有些减产甚至高达 50%。

以下为黑条叶斑病的症状描述。

发病初期在叶背面产生赤褐色小条纹，肉眼可见的症状常出现在第三片和第四片或者更老的下层叶片上，主要集中在叶缘。小条纹伸长并稍微变宽，形成长轴与叶脉平行的赤褐色窄斑。与上层叶片的小条斑相比，下层叶片的小条斑肉眼更容易看到，分布不均匀。叶片上常出现几个病斑汇合形成大条纹。条纹由赤褐色变成黑褐色或几乎黑色，有时略呈紫色，这使上层叶片表面肉眼更容易看见。病斑继续扩散，使

图 18-1　香蕉褐缘灰斑病为害症状（谢艺贤提供）

得整片叶变黑。病斑逐渐变宽形成长椭圆形或纺锤形斑点，浅褐色、边缘水渍状。褐色或黑色的病斑中央稍微凹陷，水渍也变得更加明显，水渍状周围的病组织可能稍微黄化。病斑中央脱水变成浅灰色或浅黄色，凹陷加深，边缘暗色。病健组织交界处有亮黄色过渡带。叶子萎陷干枯后，斑点仍有明显的浅色中心和黑色边缘。详见图 18-1。

三、病　原

香蕉褐缘灰斑病病菌在分类上存在很大的争议。1984 年，Cronshaw D K 报道，香蕉黄叶斑病病原菌为 *Mycosphaerella musicola*、黑叶斑病病原菌为 *Mycosphaerella fijiensis*。黑叶斑病也曾分为 2 种，分别为黑叶斑病（*M. fijiensis*）和黑条叶斑病（*M. fijiensis* var.

difformis），据 Leach 等人推测，*M. fijiensis* 是由 *M. musicola* 通过突变而衍生出来的一个毒力比之更强的菌株，在形态特征上有些差异。而 Pons 则认为 *M. fijiensis* var. *difformis* 是 *M. fijiensis* 的同物异名的种，在形态学上大致相似。现在一般报道为以下 2 个种：*M. musicola*（香蕉生球腔菌，无性阶段香蕉假尾孢 *Pseudocercospora musae*）引起黄条叶斑病（Sigatoka 或者 yellow Sigatoka）；*M. fijiensis*（斐济球腔菌，无性阶段 *Paracercospora fijiensis*）引起黑条叶斑病（black leaf streak disease 或者 black Sigatoka）和 *M.eumusae*（芭蕉球腔菌，无性阶段 *Septoria eumusae*）引起的芭蕉壳针孢叶斑病。有性态为子囊菌亚门腔菌纲球腔菌属（*Mycosphaerella*）；无性态为半知菌亚门丝孢纲假尾孢属（*Pseudocercospora*），异名尾孢菌 *Cercospora* spp.。

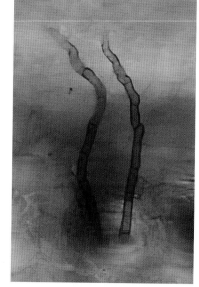

图 18-2 斐济球腔菌 *M. fijiensis* 分生孢子梗

M. musicola：分生孢子梗无色、叶片两面生、丛生，直立或稍弯曲，瓶状，多数无分隔、无明显孢痕。分生孢子单个着生，大多数圆筒形，有些倒棍棒形，直立或曲膝状弯曲，有 1~5 个横隔膜，基部无明显的脐点（孢子痕）。

M. fijiensis：分生孢子梗主要在背叶生，单生或者 2~5 个簇生，常从叶背气孔伸出，淡色至浅褐色，曲膝状，孢子痕较厚（图 18-2）。分生孢子倒棒形，圆筒形，有 1~10 个分隔，基部有明显脐点（孢子痕）（图 18-3），从脐端到顶部渐变狭窄，有明显的底部。*M. fijiensis* 病原

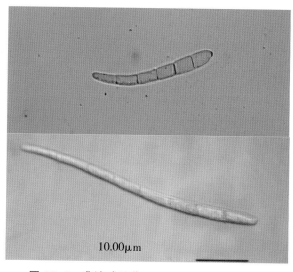

10.00μm

图 18-3 斐济球腔菌 *M. fijiensis* 的分生孢子

菌在 PDA 培养基上生长的速度很慢，室温下培养 1 个月，菌落直径大小约为 0.5~1cm，产孢难且少，黑色坚硬的菌块往培养基下生长，表面长出灰色或灰白色菌丝，在培养过程中，有些菌落的菌丝变为很淡的粉红色。菌落表面常伴有水泡状物生成（图 18-4）。

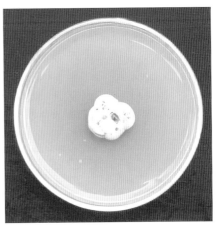

图 18-4　斐济球腔菌 *M. fijiensis* 在 PDA 平板上的菌落形态（谢艺贤提供）

四、侵染循环

香蕉褐缘灰斑病的侵染循环比较简单，病原菌以菌丝体和有性阶段孢子囊在病叶和干枯的叶片上越冬，春季子囊孢子或分生孢子传播到香蕉的嫩叶侵染，经过 15~25 天潜伏期后出现为害症状，并在病斑上产生大量分生孢子，传播到新的叶片和植株。但在我国香蕉植区，病菌的有性阶段很少观察到。

五、流行规律

香蕉褐缘灰斑病的发生与流行与气候密切相关，高温高湿利于病害的发生为害。香蕉褐缘灰斑病在我国香蕉全年都发生为害，高温高湿季节是病害流行季节，病害的发展蔓延及病原菌的产孢量与下雨天数关系密切；冬季和早春，气温较低，雨量少，香蕉褐缘灰斑病的病斑中只镜检到单生的尾孢菌的孢子，4 月初，气温回升，才镜检到病斑中有丛生于暗色子座上的分生孢子梗（3~10 支）和分生孢子，4 月中旬，丛生的尾孢菌孢子大量产生，出现一个产孢高峰期；5 月以后，丛生的尾孢菌孢子虽常镜检到，但它的数量和密度均比 4 月少得多，直到 8 月初，香蕉植株已经长大封行，叶片数多且大，香蕉园内荫蔽，湿度大，丛生的尾孢菌孢子才迅速增加，出现第二个产孢高峰。10 月以后，雨量少，连续下雨天数少，褐缘灰斑病的严重度及丛生的尾孢菌产孢的数量和密度均减少。病害的发展与香蕉的叶龄有关，香蕉褐缘灰斑病的分生孢子侵染香蕉的幼嫩叶片，潜伏期（国外报道 15~25 天）过后发生为害，下层叶片先感染先发病，因此，下层叶片病害比上层叶片重。香蕉抽蕾期消耗大量营养物质，抗病性弱，病害发展也较快。

香蕉褐缘灰斑病的分生孢子借雨水露水传播。镜检发现，香蕉心叶以下第二、三片叶的叶尖、叶缘有较多的尾孢菌的孢子片段，这些孢子片段在叶片表面萌发，芽管自气孔侵入，虽然叶片表面肉眼尚未发现病状和病征，但实际上，心叶以下第二、三片叶已被侵染。根据我们在香蕉园挂载玻片（载玻片表面涂凡士林，晴天挂在香蕉园 2m 和 1m 高处，24h 检查）捕捉孢子，结果在载玻片上镜检到分生孢子。

六、防治技术

香蕉褐缘灰斑病的防治，由于病菌对苯丙咪唑类杀菌剂已产生抗性，目前防效较好的为三唑类杀菌剂，如瑞士汽巴嘉基公司生产的25%敌力脱（Tilt）乳油。澳大利亚的昆士兰等香蕉大面积种植地区，在病害流行期，采用敌力脱+矿物油进行飞机低容量喷雾防治，15~20天喷一次，每年共喷8~10次，可以有效控制病害的为害。在我国主要采取以下措施进行综合防治。

种植密度合适，定期修除枯叶，除草和多余的吸芽，进行地面覆盖，保持蕉园通风透光。

加强肥水管理。施足基肥，增施有机肥和钾肥，不偏施氮肥；旱季定期灌水，雨季注意排水，促进香蕉植株生长旺盛，提高抗病力。

割除病枯叶，减少侵染菌源。

化学防治。在病害发生初期开始定期喷药，轻病期15~20天喷一次，重病期10~12天喷一次，重点保护新叶嫩叶，一年喷药约8次。目前防治效果较好的农药为敌力脱、必扑尔等丙环唑各种剂型农药和25%凯润、苯醚甲环唑、翠贝等杀菌剂，浓度按说明使用；三唑类杀菌剂1 000倍液与代森锰锌1 000倍液混配使用效果好。香蕉褐缘灰斑病防治使用的主要杀菌剂见表18-1。

表18-1 香蕉褐缘灰斑病防治使用的主要杀菌剂

商品名称	有效成分	通用名称	作用
敌力脱、必扑尔	丙环唑	propiconazole	治疗、保护
福星、菌克星	氟硅唑	flusilazole	内吸、治疗
粉锈宁、百理通、百菌酮	三唑酮	triadimefon	内吸、治疗
腈菌唑	腈菌唑	myclobutanil	内吸、治疗
四高、思科、势克	苯醚甲环唑	difenoconazole	治疗、保护
凯润	吡唑醚菌酯	pyraclostrobin	治疗、保护
翠贝	醚菌酯	kresoxim-methyl	治疗、保护
肟菌酯	肟菌酯	trifloxystrobin	保护、治疗
拿敌稳	肟菌酯+戊唑醇	trifloxystrobin + tbuconazole	保护、治疗
喷克、大生M－45、新万生	代森锰锌	mancozeb	保护
丙森锌	丙森锌	propineb	保护

第十九章
香蕉黄胸蓟马综合防控技术

一、分布与为害

黄胸蓟马 *Thrips hawaiiensis*（Morgan），又名香蕉花蓟马、夏威夷蓟马，隶属于缨翅目（Thysanoptera），蓟马科（Thripidae）。该虫（图 19-1）起源于环太平洋地区，目前已扩散至热带、亚热带许多国家与地区（Murai，2001；Goldarazena，2011），包括环太平洋地区、北美南部及欧洲部分国家等。

图 19-1　黄胸蓟马

该虫是香蕉花蕾期的重要害虫，在香蕉抽蕾后从花苞苞片后方膨大部分侵入成群聚集，以雌成虫产卵于幼嫩的花蕾和幼果的表皮中为害，果皮受害部位初期出现水渍状斑点，其后渐变为红色或红褐色小点，最后变为粗糙突起小黑斑，严重影响香蕉果实外观品质，降低经济价值（图19-2）。

图 19-2　黄胸蓟马在蕉园内的发生与为害

二、形态特征

雌虫体长 1.2~1.4 mm，头部为黄色或棕黄色，宽且长，面颊弓形；触角 7~8 节，为棕色（第 3 节、第 2 节的尖端、第 4 和 5 节的基部黄色），念珠状或棒状；具三个单眼，呈三角状排列，眼是橘红色的新月状；一对复眼，单眼三角区外有 1 对刚毛，且这对刚毛最长。口器锉吸式。胸部为棕色或棕黄色，前胸背板上有交错条纹，上具 50~67 个短的刚毛，中胸背板具完整的条纹，中央区域具横向条纹，并且前内侧具一对感受器。后胸背板上分布网状花纹，两对感受器彼此接近，离中央线有一定距离，中央线位于前面骨片的边缘。腹部第二块背板具 4 根刚毛，腹部第八块背板具 6~14 根刚毛，刚毛完整但不规则，产卵器呈锯齿状。

雄虫体长 0.9~1.0 mm，体黄色（图19-3）。与雌虫相似。卵淡黄色，肾形；初孵化若虫乳白色，后逐渐变为浅

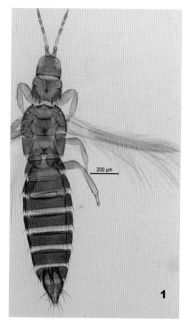

图 19-3　黄胸蓟马雌虫的
形态特征

黄色，无翅芽；2龄若虫浅红色；前蛹触角鞘囊状，短而向前，翅芽外露；伪蛹触角翘向头胸部背面，翅芽增大。

三、生物学及发生规律

香蕉黄胸蓟马成虫在花蕾和幼果上产卵，1龄和2龄若虫在花蕾中取食活动，2龄末若虫转移至土壤中化蛹，整个过程组成了黄胸蓟马的生活史（图19-4）。该虫具有明显的趋花和隐匿为害习性；可营孤雌生殖与两性生殖，繁殖力强；世代周期短，重叠严重；并具有快速聚集和扩散等特点。不同品种或不同地区蕉园内，蓟马种群的年度消长动态基本一致，但与香蕉的生长期密切相关，种群动态在一个生长期内呈现单峰形，香蕉进入花蕾期时，蓟马种群数量快速增长，盛花期时达到高峰，其余时期少有发生。高温干旱天气有利于种群暴发，多雨季节则发生少。

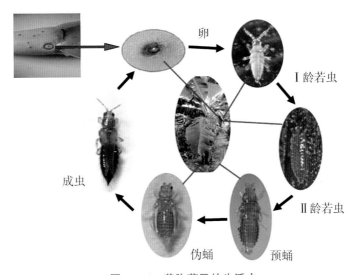

图 19-4　黄胸蓟马的生活史

四、监测技术

利用黄胸蓟马成虫的趋蓝特性，在蕉园4 m左右的高度悬挂蓝板可有效监测该虫的发生数量和预测种群动态。

五、防治技术

农业防治。加强蕉园田间管理，清除蕉园内、外杂草和断蕾后砍掉的花蕾，减少虫源基数。

化学防治。提前用药，建议在香蕉现蕾前对蕉园喷药 1~2 次，消灭初期虫源。及时用药，在香蕉现蕾时即喷药，集中针对香蕉花蕾进行定向喷雾。科学合理用药，建议选用乙基多杀菌素、螺虫乙酯、溴氰虫酰胺等新型高效药剂，花蕾期每间隔 3~4 天施药 1 次，同时注意药剂的轮用与混用。也可采用花蕾注射法施用吡虫啉、螺虫乙酯（1 000 倍液）等药剂，于香蕉现蕾期注射施药 1 次，注射位置为花蕾顶端往下 5~10 cm 处，每株施药量 100~200 mL，可显著提高蓟马防效和减少农药施用（图 19-5）。

图 19-5　花蕾注射施药

生物防治。喷施生防菌和苦参碱等生物农药以及繁育释放蓟马捕食性天敌昆虫，如捕食螨、瓢虫、小花蝽和草蛉等。

第二十章

木薯花叶病检测监测与综合防治

一、病害分布与为害情况

木薯花叶病广泛发生于非洲的尼日利亚、肯尼亚、加纳、刚果（金）、乌干达、坦桑尼亚、马达加斯加、马拉维、坦桑尼亚、布隆迪、埃塞俄比亚，亚洲的阿曼、印度、斯里兰卡、泰国、柬埔寨和越南，以及拉丁美洲的巴西、哥伦比亚、秘鲁、巴拉圭等国家。该病是以受侵染叶片形成花叶为典型特征的病毒性病害，为当前世界范围内木薯种植业为害最严重的病害。

1894 年，木薯花叶病最先在非洲的坦桑尼亚地区发生。1929 年在西非的尼日利亚、塞拉利昂和加纳等国家的沿海地区有发生报道，并且于 1945 年开始向北方传播。到 20 世纪末，该病已在撒哈拉以南的多数木薯种植区普遍发生。

在印度次大陆，1956 年首先在印度出现了花叶病，随后斯里兰卡等国均有发生。在东南亚，2016 年、2018 年先后在柬埔寨、越南、中国等国发现该病害。在中东地区，2013 年在阿曼的马斯喀特地区发现了该病的入侵为害。1940 年，木薯花叶病在南美洲的巴西有发生报道，随后在巴西、哥伦比亚、秘鲁、巴拉圭等地区流行。

尽管相关科技人员和种植户付出大量努力来开展花叶病的防治工作，但每年该病害仍然造成生产中的严重损失。20 世纪 90 年代，木薯花叶病在乌干达大爆发，许多地区的种植户被迫放弃种植木薯。Thresh JM 等估算非洲地区花叶病发生后，田间病株平均产量损失约 30%~40%。2014 年前后，由斯里兰卡木薯花叶病毒株系引起的花叶病在柬埔寨东部和越南南部交界地区发生并迅速向周边地区蔓延，2018 年仅柬埔寨已有特本克蒙省、桔井省、上丁省、暹粒省、磅湛省、蒙多基里省、腊塔纳基里省、菩萨省等 8 个省份为发病区，KM98、KU50 等主栽品种均受害。受病害影响，柬埔寨 2017 年鲜薯价格比 2016 年涨了 2~3 倍，但是产量从 2016 年的每公顷 18t，减产到 2017 年的 15t。20 世纪 80 年代，加勒比木薯花叶病毒株系在哥伦比亚北部海滨地区侵染木薯后，造成植株矮化、叶片皱缩畸形并形成典型花叶，造成 35%~39% 的产量损失。

木薯植株在整个生长阶段均可受花叶病为害。幼龄植株更易感染，典型症状为系统花叶。感病植株首先在叶片上出现褪绿的小斑点，随后逐渐扩大并与正常绿色形成花叶状，受侵染叶片背面有时可见突起，叶片普遍变小，叶片中部和基部常收缩成蕨叶状（图20-1）。

图20-1　木薯花叶病毒不同株系所引起的叶片症状（时涛提供）

发病植株通常矮缩，结薯少而小，严重时块根甚至不能形成，导致产量降低或绝收。受气候、株系、木薯品种、植株生育期、田间管理措施等因素影响，田间条件下病害呈现轻度花叶状、病叶卷曲、叶片变形、植株矮化等不同症状（图20-2）。相比之下，南美地区的木薯花叶病病叶黄化症状较轻，而且花叶和褪绿症状常受叶脉限制。田间条件下，不同株系常混合侵染同一植株。

图20-2　木薯花叶病重病田（时涛提供）

除为害木薯外，非洲木薯花叶病毒株系（African cassava mosaic virus）和东非木薯花叶病毒株系（East African cassava mosaic virus）能够侵染山珠豆（Centrosema pubescens）和爪哇

葛根（*Pueraria javanica*）等两种豆科杂草，而亚洲的两个株系能够侵染麻疯树（*Jatropha curcas*）。

二、病原及特征

木薯花叶病由联体病毒科（*Geminivieidae*）菜豆金黄色花叶病毒属（*Begomovirus*）或乙型线状病毒科（*Alphaflexiviridae*）马铃薯 X 病毒组（*Potexvirus*）侵染引起。

1981 年，Bock KR 认为肯尼亚沿海地区的花叶病由病毒侵染引起，并命名为木薯潜隐病毒（*cassava latent virus*）。1983 年，Bock KR 进一步通过机械接种证明该病由病毒引起，病原接种烟草后同样产生花叶症状，同时通过电子显微镜观察到了双生病毒粒体，该病毒被重新命名为非洲木薯花叶病毒（*African cassava mosaic virus*）。1983 年，Stanley 获得了来自肯尼亚的第一个菌株的序列。随后，研究者发现亚洲地区的阿曼、印度、斯里兰卡和柬埔寨等地区的花叶病同样由双生病毒侵染引起。1965 年，KITAJIMA, E. W 等通过颗粒形态、包涵体观察和血清学研究，发现发生于南美地区的花叶病由马铃薯 X 病毒组（*Potexvirus*）引起。随后，美洲地区发现了多个株系。

目前，研究表明引起非洲地区的木薯花叶病病毒包括非洲撒哈拉以南地区、为害最严重的的非洲木薯花叶病毒株系（*African cassava mosaic virus*），以及东非木薯花叶病毒株系（*East African cassava mosaic virus*）、东非木薯花叶病毒肯尼亚株系（*East African cassava mosaic Kenya virus*）、东非木薯花叶病毒马拉维株系（*East African cassava mosaic Malawi virus*）、东非木薯花叶病毒桑给巴尔株系（*East African cassava mosaic Zanzibar virus*）、东非木薯花叶病毒马达加斯加株系（*East African cassava mosaic Madagascar virus*）、南非木薯花叶病毒株系（*South African cassava mosaic virus*）7 个分布于非洲和西南印度洋地区的株系。另外，不同株系之间通过重组，出现了新的重组变异株系，包括东非木薯花叶病—乌干达重组株系、东非木薯花叶病—喀麦隆重组株系、非洲木薯花叶病—布基纳法索重组株系等，而且变异株系的致病力较原始株系强。

在亚洲，南亚和东南亚地区的花叶病由印度木薯花叶病毒（*Indian cassava mosaic virus*）和斯里兰卡木薯花叶病毒（*Sri Lankan cassava mosaic virus*）两个株系侵染引起，而西亚地区的阿曼，花叶病由东非木薯花叶病毒桑给巴尔株系（*East African cassava mosaic Zanzibar virus*）引起。

南美地区的木薯花叶病病原为马铃薯 X 病毒组（Potexvirus）的木薯普通花叶病毒株系（*Cassava common mosaic virus*）、加勒比木薯花叶病毒株系（*Cassava Caribbean mosaic virus*）、哥伦比亚木薯无症病毒株系（*Cassava Colombian symptomless virus*）、木薯病毒 X 株系（*Cassava virus X*）和木薯新乙型线状病毒株系（*Cassava new alphaflexivirus*）等。

菜豆金黄色花叶病毒属（Begomovirus）木薯花叶病病毒粒体为双生状，等轴对称球状 20 面体结构，每一面为五边形，分子量约为 4.24×10^6 Da。粒体中基因组 DNA 占总重量的 22%，其余为蛋白成分。病毒基因组包括两条环状 DNA 分子，分子量分别为 2.8 和 2.7Kb，部分株系带有卫星 DNA。马铃薯 X 病毒组（Potexvirus）的花叶病病毒粒体为半直杆状，大小约为 15 nm × 495 nm，基因组全长 6.4kb，分子量 2×10^6 道尔顿，外壳蛋白分子量为 21kDa。不同病毒株系之间在序列长度、同源性和粒体大小等方面存在着一定的差异。

三、侵染循环与发生规律

病毒粒体存在于木薯植株的维管束内，可通过多种途径传播，如农事操作、嫁接、汁液接种、种薯及昆虫介体等，但汁液接种难传播，种子和菟丝子不能传播，通过感染的种茎可进行长距离传播。田间条件下，病害主要借助烟粉虱（Bemisia tabaci）以专化性持久循环型方式进行短距离传播，最短获毒时间为 3.5h，最短潜隐时间为 8h，最短接种时间为 10min，它可保持侵染能力 9 天，大约 10% 的传播能由单头成虫完成。病毒存在于口器中，但不能通过卵传给下一代。在花叶病重病区，豆科植物、麻疯树等有可能成为病原的转主寄主。

病害在整个生长季节均可发生。病害症状严重程度随株系、季节、品种、田间管理水平不同而异，杂草多的田块病害发生重。病害的发生有一个明显的起始发病中心，发生为害情况和烟粉虱载体的种群数量相关。气候因素对该病的发生无明显影响，但有利于烟粉虱种群消长的气象因素对病害的传播蔓延有利。在潮湿、凉爽的雨季症状表现最严重，夏季常隐症或浅花叶。不同木薯品种对该病的抗性有差异，植株感病后病毒可在植株组织内长期存在。

根据中国木薯引种到乌干达和柬埔寨的田间发病情况，华南 5 号、华南 8 号、华南 9 号、华南 11 号、华南 12 号、华南 205、华南 6068、桂热 4 号、南植 199、东莞红尾等品种对花叶病均不具备抗性。西非地区的 TME3 等种质对非洲地区几乎所有的花叶病毒都表现出近于免疫的抗性，该抗性受一个单显性基因 CMD2 控制（Duffy. S 等，2009）。张鹏等（2010）和中国热带农业科学院环境与植物保护研究所的研究表明，国内主栽木薯品种和部分新育成的种质均不带有和 CMD2 基因连锁的分子标记，分析无 CMD2 基因。

四、检测监测技术

木薯花叶病毒检测可采用基于病毒外壳蛋白的酶联免疫或者基于基因组保守序列

的 PCR 扩增反应来进行。中华人民共和国国家质量监督检验检疫总局 2005 年发布了行业标准《非洲木薯花叶病毒检测方法》，规定了采用"三抗体夹心酶联免疫吸附"的检测方法、接种鉴别寄主烟草的生物鉴定方法以及免疫电镜观察方法。中国热带农业科学院环境与植物保护研究所研发出引物对 EACMV-F: gaacaatggctcgtggagggtga 和 EACMV-R: ccagaagacatagaggtatgggtat、SCMVA1：TCTCAAAGGCCTCGCAGA 和 SCMVA2：AGCACCAGTTTCCACCCC，以花叶病样品基因组 DNA 为模版，通过 PCR 反应，可以特异性地分别从非洲木薯花叶病毒株系和斯里兰卡木薯花叶病毒株系中得到 0.4 kb 的扩增产物。

　　花叶病的监测工作应该在对该病的系统性调查、并初步明确病害发生为害情况的基础上进行，注意收集花叶病的始发时间、发生地点和范围、木薯物候期、花叶病的株发病率、为害程度、相关气象数据等主要监测分析数据。中国热带农业科学院环境与植物保护研究所开发了木薯有害生物数据库、木薯病虫草害预警监测与控制网和木薯病虫草害预警监测与控制手机 APP（图 20-3），相关人员可以登录后浏览相关信息并与科研人员进行远程交流。

图 20-3　木薯病虫草害预警监测与控制手机 APP 软件二维码
（可扫描下载）

五、综合防治技术

　　木薯花叶病由多种病毒株系侵染引起，病毒种群遗传多样性丰富，田间常出现多个株系复合侵染现象。该病应采取检疫措施、农业措施和和控制传毒介体相结合的综合防治策略。

　　检疫措施。严禁从发病区（东南亚、非洲和南美洲）引进感病的活体木薯、麻疯树、豆科杂草等植物种植材料及携带病毒的烟粉虱；在云南、广西等毗邻边境的木薯种植区以及临近木薯进口港口的种植区，应加强病害的巡查（踏查）监测工作，发现病株后及时采取相关措施。

　　农业防治。加强田间监控，发现病株后及时拔除，进行焚烧或深埋处理；合理进行水肥管理，清除田间杂草，提高木薯植株对病害的抵抗能力；种植时注意选用无病种茎，发病田收获后注意进行田间清理并对病残体进行焚烧（或深埋）处理；喷洒几丁聚糖、氨基寡糖素等诱抗剂，可以诱导植株提高抗病能力；选育抗病或耐病木薯品种，加强新品种的培育、引进和推广应用，例如乌干达育成的抗病品种 Nase14、尼日利亚育成的抗病品种 TEM3 等。必要时，和谷物类作物进行轮作。

　　控制传毒介体。利用烟粉虱对黄色、橙黄色的强烈趋性，可将纤维板或硬纸板表面涂成橙黄色，再涂上一层黏性油（可用 10 号机油），每亩设置 30 至 40 块黄色板，置于与作物同等高度的地方，进行成虫的诱杀；应用螺虫乙酯加阿维菌素各 2 000 倍混合喷雾或用 10% 隆施氟啶虫酰胺和 70% 吡虫啉两种药剂 1：1 混合后稀释 1 500 倍喷雾，或者扑虱灵、灭螨猛、天王星乳油等药剂进行烟粉虱的防治。

第二十一章
木薯细菌性萎蔫病综合防控技术

一、分布与为害情况

　　木薯细菌性萎蔫病也称细菌性疫病、细菌性枯萎病，是世界木薯种植中的重要病害之一。该病最早于1900年在拉丁美洲发现，1912年在巴西有发生记载。随后该病传播到亚洲和非洲，1972年在亚洲有正式的发生报道，非洲最早的报道是1976年。该病在拉丁美洲的巴西、古巴、哥伦比亚、委内瑞拉、墨西哥，亚洲的中国、印度尼西亚、泰国、印度、越南、柬埔寨以及非洲的乌干达、尼日利亚、贝宁、尼日利亚、刚果（金）、刚果（布）、多哥、喀麦隆等国家和地区普遍发生。目前，该病在"一带一路"国家和地区普遍发生，是木薯种植中的常见病害。

　　病害发生后，植株长势消弱，产量和商品价值下降，严重时毁种绝收。在非洲，该病已在大部分木薯种植地区严重发生，所造成的为害仅次于木薯花叶病。在非洲和南美洲，细菌性萎蔫病被认为是木薯生产上造成损失最为严重的病害之一，由该病所造成的产量损失为12%~90%，严重时可导致毁种绝收（Lozano，1986）。1970—1975年，木薯细菌性萎蔫病在非洲中部大面积流行，对木薯造成的产量损失高达80%，导致了中非扎伊尔饥荒。在中国，该病最先在台湾地区发生流行，造成的产量损失达30%，淀粉出粉率减少40%左右。2001年，该病在广西自治区北海地区发生流行，造成的损失10%~20%，部分田块达50%以上（卢明，2005）。近年来，该病在广东湛江、广西贵港和南宁、海南儋州和文昌等地区严重发生。

二、田间症状

　　细菌性萎蔫病主要为害木薯的叶片和幼嫩茎杆，在整个生育期均可发生。叶片受侵染后，最初形成水渍状角形病斑，病斑背面常出现少量白色、浅黄色至黄褐色的菌脓，严重时病斑扩大或汇合。天气干燥时病斑变为褐色角形病斑或块状斑块，边缘略呈水渍状；温湿度条件适宜时，病斑迅速扩展并呈深灰色水渍状，叶片常腐烂或萎蔫。植株上发病叶片常出现提前凋萎、干枯而脱落。嫩茎和嫩枝发病初期出现水渍状病斑，常出现菌脓，受害部位凹陷并变为褐色，后期呈梭形凹陷或开裂状，严重时上端着生的叶片出现萎蔫，形成顶端回枯。发病植株茎秆的维管束出现干腐、坏死，严重时嫩梢凋萎，大量叶片脱落。主茎严重受害时甚至整株死亡。相关症状见图 21-1 至图 21-5。

图 21-1　叶片上最初出现水浸状、暗绿色角斑，常伴有菌脓；发病严重时，病斑扩大或汇合成块斑，病斑萎蔫状，容易提前脱落；后期发病叶片变枯黄、脱落（李超萍、时涛提供）

图 21-2 种茎带菌时导致苗期病害发生严重，幼苗茎秆受害，病部溢出大量菌脓，植株萎蔫死亡，形成缺苗（时涛提供）

图 21-3 发病严重时，大量叶片提前脱落，植株仅剩上部少量叶片；后期出现回枯（李超萍提供）

图 21-4 茎秆受害后出现的淡黄色菌脓，后期形成梭形病痕（黄贵修、时涛提供）

图 21-5　多旋翼无人机在木薯细菌性萎蔫病防治中的应用（时涛提供）

三、病　原

　　该病由地毯草黄单胞木薯萎蔫致病变种（*Xanthomonas axonopodis* pv *manihotis*，简称
Xam）侵染引起，菌体杆状，革兰氏染色阴性，无荚膜，极生单鞭毛，不产芽孢。在 YPG
培养基平板上培养 3~5 天，菌落呈圆形突起状，边缘整齐，乳白色至淡黄色，表面光滑，

有光泽，黏稠状（图21-6）。

细菌性枯萎病菌最初命名为木薯芽孢杆菌[*Bacillus manihotis*（Arthaud–Berthet）]，随后修改为木薯单胞菌[*Phytomonas manihotis*（Arthaud–Berthet & Bondar）]。在病原细菌的大种化阶段，修改为木薯黄单胞[*Xanthomonas. manihoti*（Arthaud–Berthet& Bondat）]。伯杰在《细菌鉴定手册》中列出黄单胞杆菌的5个种，而木薯细菌性萎蔫病菌的种名相应地改为野油菜黄单胞木薯萎蔫致病变种（*Xanthomonas campestris* pv. *manihotis*）。随后发现病原菌能够利用糊精、纤维二糖、龙胆二糖等碳源，不能利用 β–

图21-6　木薯细菌性萎蔫病病原菌菌落（YPG培养基平板）
（李超萍提供）

甲基 –D– 葡糖苷、L– 鼠李糖和蚁酸等碳源，和其他黄单胞菌不同，因此结合核酸杂交、基因组 GC 含量等差异，将其重新分类并命名为地毯草黄单胞木薯萎蔫致病变种（Xam）。

该病菌存在着丰富的遗传多样性。研究发现，非洲木薯种植区的病菌多样性较少，而在木薯的发源地南美洲，例如哥伦比亚，巴西、委瑞内拉等地区，病菌群体的多样性很丰富。在不同致病型研究中发现，不同的 Xam 菌株对寄主的亲和性是不同的。Restrepo 等（2000，2004）采用 RFLP、rep-PCR 和 AFLP 技术对从哥伦比亚的四个土壤气候带收集到得 238 个病菌分离物进行分析，发现不同的气候带之间、同一气候带的不同地点之间、同一地点不同的木薯种质上的病菌均存在一定的差异性，并且病菌种群结构变化很大，在木薯种质不变的情况下，病原菌的遗传多样性随着耕作时间的延长而降低，表明寄主在病菌的多样性演化中发挥着重要的作用。通过 RFLP、rep-PCR、AFLP 等分子分析技术，可将病菌划分为不同类群。据此推测，病原菌丰富的遗传多样性可能与当地所种植木薯品种的多样性相关。另外，当一个新的 Xam 菌株被引入到病害发生区时，该地区的病原菌种群多样性增加，这将有利于新的致病型的形成。中国热带农业科学院环境与植物保护研究所采用 RAPD 和 rep-PCR 技术，分别将中国木薯细菌性萎蔫病菌聚类为 3 类，同时发现菌株之间存在着丰富的致病型分化现象。

四、发病规律

木薯细菌性萎蔫病菌可在土壤、病株残体和带病种茎中存活而顺利越冬，是下一个种植季节病害的最初侵染来源。病菌能够在老熟茎秆的韧皮部存活，带病种茎的调运是病害远距离传播的主要途径。田间主要通过雨水、排灌水、叶片接触及带菌工具等进行近距离蔓延和传播，同时人、动物及农事活动也会促进病害的传播。病菌主要从木薯组织表面的孔口和伤口侵入，在茎秆和叶片组织内迅速繁殖，从而形成一系列症状。在从叶表附生到侵入维管束的侵染过程中，寄主的中间层受到破坏，初生和次生细胞壁也发生改变，因胶质降解程度高于纤维素、胶质类成分的积累引起受侵染维管束的堵塞，从而导致寄主植物出现萎蔫症状。

病害调查与监测发现，细菌性萎蔫病在木薯苗期至整个生育期均可发生为害，该病的发生及为害程度与气候条件、木薯品种的感病性、地理位置、生育期等因素密切相关。环境的温湿度因素对病害的发生与发展影响较大，天气闷热潮湿时，病害发展迅速，病斑迅速扩展；当天气变干燥时，病斑停止扩展；当温湿度再次适宜时，病斑则会继续扩展。研究发现，该病发生为害与台风雨天气有一定的联系，在台风雨季节，一般病害发生比较严重（卢明，2005）。另外有研究表明，当昼夜温差大时，病害发生更为严重；而在温差小的地区，该病害发生则比较轻。

该病害在中国海南、广东、广西木薯种植区通常在5月初至6月中旬开始发病，每年的8至11月为流行期，此期间如遇连续高温多雨或台风雨天气，容易出现病害流行。此外如种植带病种茎，病害在苗期也会普遍发生，严重时幼苗整株萎蔫，造成缺苗。在非洲的乌干达以及东南亚的柬埔寨等地区，病害主要在雨季发生并迅速蔓延，旱季不发生或发生较轻。不同木薯品种之间对病害的抗性存在一定的差异。同一品种植株的感病程度，因生长阶段和发病时间的不同而有所不同。

木薯对细菌性萎蔫病的抗性与木薯自身的一些生理生化特性相关，气孔密度和蜡质物含量与木薯种质对细菌性枯萎病的抗性存在一定的相关性。高抗种质的气孔密度和蜡质物含量高于中抗种质，而感病种质最低（樊春俊，2012）。抗性种质的蜡质层中，其三萜类化合物含量明显高于感病种质（Valerien，2006）。4种主要防御酶的活性变化与抗病反应间存在一定的相关性。其中过氧化物酶（POD）和多酚氧化酶（PPO）的活性变化呈上升趋势，随后下降，且抗病种质的变化显著大于感病种质，超氧化物歧化酶（SOD）的活性变化呈下降趋势，而过氧化氢酶（CAT）的活性未见明显改变。

木薯对细菌性枯萎病的抗性是一种数量遗传关系，Jorge等（2000）进行了一组杂交子一代的接种试验，发现8个数量遗传性状基因和抗性相关。Wydra等（2004）利用木薯种质CM2177-2和TMS30572的杂交子代及其回交代进行了细菌性枯萎病菌接种试验，结果发现这些子代中有16种基因型呈抗性反应。中国热带农业科学院环境与植物保护研究所利用来自广西武鸣的病原菌，评价了601份木薯种质对细菌性萎蔫病的抗性，结果仅有6份有较好的抗性，其他种质均表现出不同的感病性。广西武鸣、广东开平、海南儋州等地的田间调查结果也表明主栽品种均受该病为害，其中华南5号具有较好的耐病性。近年来，国内木薯新育成的品种桂热9号、新选048以及新培育的新种质均对该病不具抗性。中国热带农业科学院环境与植物保护研究所培育出抗枯1号等数个兼具较好耐病性和优良农艺性状的新种质。

五、综合防控技术

根据木薯不同的生长阶段，分阶段采用不同的综合防控技术。①苗期。选用来自无病田的健壮木薯种茎进行种植，避免病害通过种茎传播，或者选用华南 5 号等耐 / 抗病品种。重病区种植木薯前应种植一茬以上的甘蔗、玉米等其他作物。合理调整和改进耕作制度，适当密植，降低田间湿度。种植时施足基肥，苗期适当追肥并及时进行除草，促进植株生长。定期进行田间病害调查，发现病叶后及时摘除，拔除重病株并带出木薯园。如果因种植带病种茎造成苗期病害流行，及时用乙蒜素或噻唑锌等药剂防治，7 至 10 天施用 1 次，共 2 至 3 次，施药后两小时内遇到大雨需要补施。②生长中期。加强田间监控，病害零星发生后，在雨季来临前及时选用乙蒜素等防控有效药剂，采用人工或无人机进行喷洒防治 2 至 3 次。加强田间水肥管理，提高植株的抗病能力。③生长后期。加强田间管理，必要时再次用乙蒜素等药剂进行防治。在无病木薯园选择健康种茎，留作下个季节的种植材料。收获后，及时进行田间清理，对发病木薯秆和病残体进行焚烧或深埋处理。

根据病害流行期（种植 6 个月）监测结果，将木薯种植区划分为新种植区和非疫区、轻度发生区（株发病率在 10% 以下）、中度发生区（株发病率在 10% 至 30%）和重度发生区（株发病率在 30% 以上）。新种植区和非疫区以检疫措施为主。轻度发生区以选用无病种茎和加强田间管理为主。中度发生区以加强田间病害监测，及时采用有效药剂防治为主。重度发生区以和其他作物轮作最为经济有效。

第二十二章

木薯重要叶部真菌病害绿色防控技术

一、病害分布与为害情况

木薯种植中，以为害叶片为主的褐斑病、炭疽病和棒孢霉叶斑病等真菌病害极为常见且广泛发生。

1. 木薯褐斑病

褐斑病（Brown Leaf Spot，简称 BLS），是世界木薯植区广泛发生的病害，最早于 1885 年在非洲东部发现，随后在印度（1904）和菲律宾（1918）有发生报道。20 世纪 70 年代后该病在亚洲、北美洲、非洲及拉丁美洲等木薯种植国均有发生，在许多国家例如巴西、巴拿马、哥伦比亚、加纳等为害非常严重。中国热带农业科学院环境与植物保护研究所的调查表明，褐斑病是我国木薯种植发生面积最大的病害，在海南、广东、广西、云南、福建、江西、贵州、湖南等种植区均有发生。

叶片受侵染后，第 9 天在叶片背面形成小的深绿色斑点，2 天后正面也出现斑点，同时病斑扩大并肉眼可见。随后在 2 天内病斑扩大并变为浅褐色、黄褐色或深褐色，边缘不规则且呈黑色。侵染 21 天后，病斑中心变灰色，易碎，后开裂穿孔。典型的成熟病斑为褐色圆形病斑直径为 4~10 mm，病斑边缘及中央色泽较深并有同心轮纹。部分品种受侵染后，病斑周围的小叶脉变黑。发病叶片最终黄化、干枯并提前脱落。田间症状见图 22-1。

病害发生后，可造成发病叶片大量提前脱落，严重消弱植株的长势。近年来，褐斑病在我国广西南宁、海南儋州和文昌等地区严重发生，生长中后期的 9—10 月，受侵染叶片从下向上大量变黄、脱落，严重时仅剩上部嫩枝上的数轮叶片。20 世纪在多米尼加和尼日利亚等地区的调查中发现，部分地区病害发生后蔓延很快，导致叶片迅速脱落，一些栽培种发病非常严重，产量和淀粉含量均明显下降。坦桑尼亚地区，褐斑病可造成约 27%~30% 的产量损失（1984）。国际热带农业中心（1976）在哥伦比亚地区的研究中，发现褐斑病可造成 14% 的产量损失。2010 年，中国热带农业科学院环境与植物保护研究所在湛江地区的研究表明，木薯品种华南 8 号受褐斑病严重侵染后，每公顷产量从 35.5 t 下降至 25.5 t。

图 22-1　木薯褐斑病田间症状（时涛，裴月令提供）

2. 木薯炭疽病

木薯炭疽病（Cassava Anthracnose，简称 CA）是木薯生产中为害严重的一种世界性病害。1903 年该病最早于在东非的坦桑尼亚发现、1904 年巴西也发现了该病害，随后波多黎各（1939）、马达加斯加（1936）、尼日利亚和扎伊尔（1953）等地区均发现该病的为害，目前已经扩散到各木薯种植区。调查表明，该病在我国海南、广西、广东、江西等地普遍发生。

嫩叶最先受害。病菌侵染后，叶片发病部位出现褪绿、然后形成淡褐色或暗褐色的病斑。病斑中央浅褐色，常出现同心轮纹，边缘褐色。条件适宜时，病斑迅速扩大，受侵染叶片扭曲、干枯。受侵染叶片从叶尖或叶片边缘开始，部分或者全部坏死，发病严重时叶片脱落。病原菌也能为害幼嫩枝条，形成溃疡和干枯。湿度大时，病斑中心常出现粉红色小点，即病原菌的分生孢子堆。

发病植株叶片严重受害后，提前脱落，降低植株长势从而影响产量和品质。苗期病害急性发生时，发病叶片迅速凋萎脱落，严重时整株死亡。田间症状见图 22-2。

图 22-2　木薯炭疽病田间症状（黄贵修，时涛提供）

3. 木薯棒孢霉叶斑病

木薯棒孢霉叶斑病（Cassava Corynespora leaf spot，简称 CCLS）于 2009 年 7 月和 9 月分别在中国海南白沙和广西武鸣等地发现，随后在海南、广西、广东、云南等多个主栽区均有发生。目前，中国以外其他国家尚无该病的发生报道。

病原菌侵染初期，叶片上形成浅黄色小型斑点，边缘不整齐，随后中央变为褐色。在潮湿条件下病斑继续扩大呈近圆形或者不规则，黄褐色，中央白色并且纸质化，纸质化边缘黑褐色，病斑周围有黄色的晕圈。病害严重发生时引起植株大量落叶。田间湿度大时病斑中央会出现霉状物，即病原菌的分生孢子梗和分生孢子。田间症状见图 22-3。

图 22-3　木薯棒孢霉叶斑病田间症状（刘先宝，时涛提供）

二、病原及特征

1. 木薯褐斑病

该病由半知菌亚门（*Deuteromycotina*）、丝孢纲（*Hyphomycetes*）、丝孢目（*Hyphomycetales*）、暗色孢科（*Dematiaceae*）、钉孢属的亨宁氏钉孢（*Passalora henningsii*（Allesch.）R. F. Castaneda & U. Braum）侵染引起。该病原菌由 Allesch 于 1895 年首次定名为亨宁氏尾孢（*Cercospora henningsii*）。1976 年，Deighton 根据亨宁氏尾孢分生孢子宽的特点，将其组合为亨宁氏短胖孢（*Cercosporidium henningsii*（Allesch）Deighton）。1989 年，Castaneda & Braum 又以亨宁氏尾孢为基原异名组合成亨宁氏钉孢（*Passalora henningsii*（Allesch.）R. F. Castaneda & U. Braum），其有性阶段是球腔菌属（*Mycosphaerella*）。

据郭英兰等（2003）描述，亨宁氏钉孢的子座叶表皮下生，近球形至长圆形，褐色，直径 15.0~50.0μm。分生孢子梗多根紧密簇生，浅青黄褐色，成簇时色泽较深，色泽均匀，宽度规则或有时不规则，直立至弯曲，不分枝，0~2 个曲膝状折点，多在 1/2 至 1/4 处，顶部圆锥形，0~1 个隔膜，不明显，（17.5~55.0）μm×（3.5~5.6）μm。孢痕疤明显加厚，座落于圆锥形顶部及折点处，宽 2.0~2.5μm。分生孢子圆柱形，浅青黄褐色，直立或稍弯曲，顶部钝圆，基部钝圆或倒圆锥形，1~6 个隔膜，（25.0~65.0）μm×（5.0~7.5）μm，基脐明显。

Ayesu-Offei EN 等（1996）认为，亨宁氏钉孢有大小两种孢子类型，小型分生孢子圆柱形，多数为单胞，少数中间有一个隔膜，大小为（7.5~17.5）μm×（3.7~7.5）μm；和大型分生孢子不同，小型分生孢子没有乳突，在原生质中有显著的液泡。小型分生孢子通过出芽和大型分生孢子的断裂而形成。通常大型分生孢子的一端压缩，末端细胞被细胞壁环绕形成一个球形的芽，然后芽通过缢离作用与分生孢子分离，原生质就发育成一个独立的小型分生孢子。大型分生孢子的其余细胞移开断裂的细胞壁形成小型分生孢子。小型分生孢子在100%湿度条件下萌发，芽管顶端有附着胞。

木薯褐斑病菌在人工培养基上不易生长，能够在PDA培养基平板上形成灰黑色菌落（图22-4），28℃培养30天后直径小于1.6cm。菌落边缘不整齐，表面不规则褶皱隆

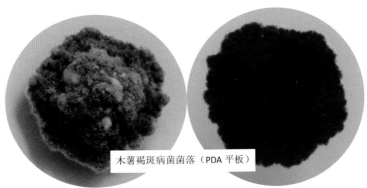

木薯褐斑病菌菌落（PDA平板）

木薯褐斑病菌子座

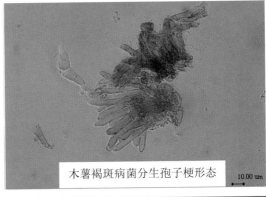

木薯褐斑病菌分生孢子梗形态

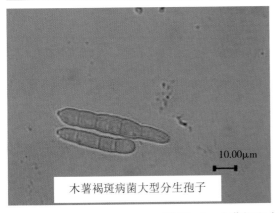

木薯褐斑病菌大型分生孢子

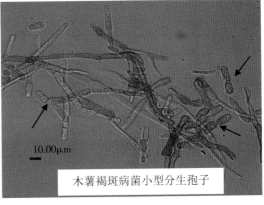

木薯褐斑病菌小型分生孢子

图22-4 木薯褐斑病病原菌（裴月令提供）

起，气生菌丝不发达，基内菌丝较发达。在木薯叶片的病斑上，病菌能形成子座，子座着生于叶表皮下，近球形至长圆形，褐色，直径15.0~50.0μm。分生孢子梗簇生，浅褐色，成簇时色泽较深，色泽均匀，直立至弯曲，不分枝，0~2个曲膝状折点，多在1/2至1/4处，幼嫩的分生孢子梗顶端圆形，成熟的分生孢子梗顶端变平，0~1个隔膜，不明显，（17.5~55.0）μm×（3.5~5.6）μm。孢痕明显加厚，座落于圆锥形顶部及折点处，宽2.0~2.5μm。分生孢子圆柱形，浅黄褐色，直立或稍弯曲，顶部钝圆，基部钝圆或倒圆锥形，1~6个隔膜，（25.0~65.0）μm×（5.0~7.5）μm，脐点明显。

2. 木薯炭疽病

该病由半知菌亚门（*Deuteromycotina*），腔孢纲（*Coelomycetes*），黑盘孢目（*Melanconiales*），黑盘孢科（*Melanconidaceae*），刺盘孢属的胶孢炭疽菌（*Colletotrichum. gloeosporioides*）、多疣炭疽菌（*C. plurivorum*）、果生炭疽菌（*C. fructicola*）、卡氏炭疽菌（*C. karstii*）、桑炭疽菌（*C. siamense*）等侵染引起。

木薯胶孢炭疽病病菌（图22-5）在PDA培养基平板上形成的菌落为白色，圆形，边缘整齐；气生菌丝旺盛，基内菌丝不发达；不产生色素。菌丝有分隔，无色；在PDA培养

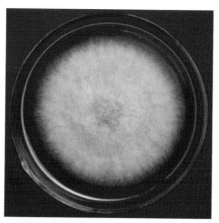

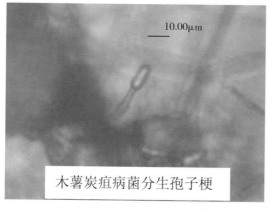

木薯炭疽病菌分生孢子梗

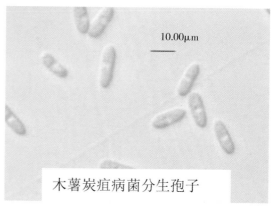

木薯炭疽病菌分生孢子

图22-5　木薯炭疽病菌（胶孢炭疽病菌）（时涛提供）

基平板上，能产生分生孢子，分生孢子着生于孢子梗上。分生孢子圆柱形，两端椭圆，直立、单胞，无色，表面光滑，中间有一个油滴，平均大小为 15.47μm×5.07μm。

3.木薯棒孢霉叶斑病

该病病原菌为半知菌亚门（*Deuteromycotina*）、丝孢纲（*Hyphomycetes*）、丝孢目（*Hyphomycetales*）、暗色孢科（*Dematiaceae*），棒孢属的山扁豆生棒孢（*Corynespora cassiicola*）侵染引起。

在 PDA 平板上，病原菌菌落（图 22-6）为圆形，边缘较整齐，中间浅灰色，边缘白色，气生菌丝较旺盛。显微观察结果表明，菌丝有分隔。分生孢子梗直或弯曲，不分支，单生或丛生，白色至浅褐色。分生孢子单生，倒棍棒状或圆柱形，直或略弯，浅橄榄色或褐色。有 4~13 个分隔，顶端钝圆，基部近截形，脐点明显，分隔处一般不缢缩，孢子大小为（19.6~150.3）μm×（5.5~10.7）μm，平均 70.7μm×8.9μm。

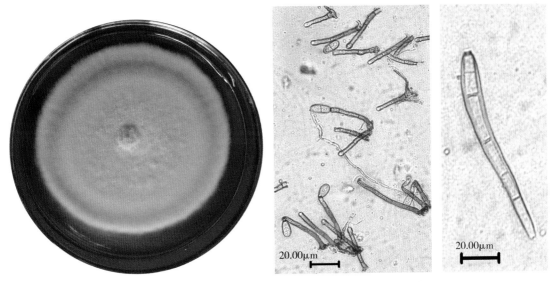

图 22-6　木薯棒孢霉叶斑病菌（裴月令，刘先宝提供）

三、侵染循环与发生规律

1.木薯褐斑病

褐斑病菌分生孢子接触到木薯叶片后，在有水的情况下，9 小时开始萌发并产生 1~2 个芽管，芽管直接穿透叶背表皮侵入叶片组织中，不形成附着孢。木薯叶片背面的主要特征是有乳头状突起。病原菌的芽管自叶片背面乳头状突起之间的光滑区域侵入，并不侵入乳头状突起，芽管也不侵入气孔，芽管延伸时会绕过张开的气孔。侵染 9 天后开始发病，11 天开始出现分生孢子。单个或 2~5 个分生孢子自气孔中伸出，从开裂的表皮中也能伸出多个分生孢子。分生孢子还可以从叶片表面的其他部位释放，包括叶片的光滑区域或通过乳头状突起释放出来。接种后 21 天，还可见分生孢子自叶脉上出现。分生孢子可从叶面及叶背伸出，但叶背的分生孢子量更多。在自然发病的叶片及人工接种的叶片上均可出现大量的分生孢子。

每个分生孢子自短胖的具有肿胀基部的分生孢子梗上生出，在开裂的表皮上出现的分生孢子梗可在叶片表面看到具有肿胀的基部。然而，如果分生孢子自气孔伸出，则只看到分生孢子梗的顶端。幼嫩分生孢子梗的特征是顶端圆形，而释放了分生孢子的分生孢子梗顶端变平。尽管木薯叶片上气孔是张开的，但分生孢子仅在气孔旁边释放而不从气孔中产生。

木薯褐斑病在高温条件下普遍发生，湿度高时病害发生更为严重；通常在木薯生产中后期容易发生，特别是木薯生长 5 个月以后发病尤其严重。田间条件适宜时，病斑上能产生大量分生孢子，借助风雨传播。在适宜的湿度条件下，分生孢子萌发，长出芽管，然后通过细胞间的空隙入侵到叶片组织中。当病斑成熟后，产生分生孢子，借助风雨再传播到其他叶片上，构成循环侵染。每年以高温、高湿季节发病最为严重，因为此时病原菌只需12 小时就能侵入到叶片组织中。病原菌常在田间木薯病残体上越冬，成为第二年的侵染来源。

木薯苗期对褐斑病抗性比较强，随着生育期进程的发展，抗性也逐渐减弱。而且植株上老叶的病斑明显比嫩叶的大且多。Ciferri I（1933）等认为在自然接种条件下，嫩叶对木薯褐斑病具有抗性及免疫能力，且从嫩叶中分离到的未经处理的花色甙溶液能抑制孢子萌发。Teri JM 等（1980）对木薯栽培种和杂交种进行抗性鉴定发现，5 个栽培种中有 2 个品种表现抗病，2 个表现感病，1 个表现耐病；5 个杂交种中 2 个品种表现抗病，3 个表现感病。Manuel K 等（1988）对 98 个木薯品种品系进行抗性鉴定中，有 28 个品种品系表现抗病，16 个品种品系表现感病，其余为中感。中国热带农业科学院环境与植物保护研究所的调查表明，华南系列、南植系列、桂热系列等中国主栽品种均受褐斑病为害。在对海南省儋州市我国 598 份木薯主要种质的田间调查中，仅有 6 份种质无褐斑病发生，其他种质均表现出不同的感病性。

2. 木薯炭疽病

炭疽病菌的分生孢子接触到木薯叶片后，在条件适宜的情况下萌发，芽管伸长并形成附着胞，借助附着胞产生的高膨压突破叶片表皮，并进一步形成侵染菌丝，最终在叶片上产生发病症状。病害常在多雨季节发生，田间湿度大时容易发生，种植 1 个月以后的木薯田易发生该病。气候适宜时，病原菌能在发病组织上产生大量分生孢子，成为病害传播中心，分生孢子借风雨传播而造成病害蔓延，连续长时间下雨易流行。病原菌能够在老熟茎秆上存活，多在田间病枝或枯枝上越冬而成为翌年的侵染来源。

　　O. F. Owolade 等（2005 和 2006）进行了 436 个非洲本地木薯品种和 497 个改良品种对炭疽病的田间抗性评价，结果这些品种中有 55 个表现为抗病，151 个中抗，其余为高感或者中感，抗性品种中有 8 个完全不产生溃疡症状。在利用抗感木薯品种进行的杂交试验中，上位基因效应在对炭疽病的抗性中发挥重要作用，大部分杂交后代都呈现介于抗病和感病之间的"中等抗病"。植株上的发病情况表明抗病基因为部分显性，同时存在附加和非附加效应。杂交后代对病菌的"中等抗病"表明抗性反应受多基因调控，同时母本遗传和细胞质遗传也参与到抗病反应中，在育种中采用轮回选择有利于积累抗性基因。

　　3. 木薯棒孢霉叶斑病

　　该病害在木薯的整个生长季节均可发生，田间湿度大时易发病，连续长时间下雨易流行。气候适宜时，病斑上能形成大量的分生孢子，借助风雨传播而使病害扩展和蔓延开来。不同品种间对该病的抗性是不同的。病原菌能够在老熟茎秆上存活，多在田间病株或残叶上越冬。

四、绿色防控技术

　　对于褐斑病、炭疽病和棒孢霉叶斑病等重要的叶部真菌病害，应该从木薯园生态系统出发，以农业防治为基础，创造不利于病害发生的农田微环境，促进木薯生长并提高其对病害的抵抗能力，在必要时合理使用高效低毒的环境友好型农药进行应急防治。

　　农业防治：①选用抗病或耐病木薯品种。如果对品种抗性不了解，可以在木薯生长中后期进行田间发病情况调查，比较同一区域不同品种植株上的发病情况，选取不发病或发病轻的品种进行种植。②种植时选用健康种茎。尽量在无病害发生的田块，选取健壮种茎留作下个季节的种植材料。③加强田间管理。种植时尽量避免大雨季节，合理施肥、灌溉，及时除草、消灭荒芜，提高木薯植株对病害的抵抗能力。④适当密植。合理规划木薯株行距，降低田间湿度以减缓病害发生与流行。⑤收获后及时进行田间清理。尽量将发病植株、叶片、枝条等清理干净，以减少下个季节的侵染来源。

　　应急防治：注意加强田间监控，特别是在病害易发生季节，发现病害后要抓紧防治。常用的有效药剂主要有多菌灵粉剂、咪鲜胺乳油和内环唑等。

第二十三章
木薯朱砂叶螨综合防控技术

一、分布与为害

朱砂叶螨 [*Tetranychus cinnabarinus*（Boisduval）] 属真螨目叶螨科叶螨属（*Tetranychus*），是目前国内木薯上发生最广泛的一种害螨。

该螨为世界性害螨，木薯产区均有分布。以成、若螨群聚于寄主叶背吸取汁液，初期叶面上呈褪绿的小点，后变灰白色，发生严重时，全叶枯黄似火烧状，造成早期落叶和植株早衰，植株生长势衰弱，降低产量。为害症状见图23-1、图23-2。

图23-1　朱砂叶螨为害木薯中期症状
（陈青提供）

图23-2　朱砂叶螨为害木薯叶片后期症状
（陈青提供）

二、形态特征

1. 成　螨

雌成螨（图23-3）体长0.28~0.48mm，椭球形，深红色或锈红色，体背两侧各有一对黑斑。须肢端感器长约为宽的2倍。后半体背部表皮纹略呈菱形，肤纹突呈三角形至半圆形。气门沟不分支，顶端向后内方弯曲成膝状。口

图23-3　朱砂叶螨成螨（陈青提供）

针鞘前端钝圆，中央无凹陷，气门沟末端呈 U 形弯曲，背毛刚毛状，12 对，无臀毛，腹毛 16 对。足 I 附节前后双毛的后毛微小，爪间突分裂成几乎相同的 3 对刺毛，无背刺毛。雄成螨体色常为橙黄色，较雌螨略小，体后部尖削。须肢跗节的端感器细长，背感器稍短于端感器，刺状毛比锤突长。背毛 13 对，阳具的端锤微小，两侧突起尖利。

2. 卵

圆球形，直径约 0.13mm，光滑，无色透明（图 23-4）。

3. 幼　螨

足 3 对，近圆形，透明，取食后体色变暗绿。

4. 若　螨

足 4 对，前期绿色，后期体色逐渐变红，体色出现明显块状色斑，与成螨相似。

图 23-4　朱砂叶螨卵（陈青提供）

三、生活习性

年发生约 15~20 代，发生为害随气温变化而变化，在植株的垂直分布为，中下部多，上部少。朱砂叶螨的发育起点温度约为 9.9℃，有效积温约为 160.0℃，15℃时存在滞育现象。在适宜温区内，随温度升高，朱砂叶螨发育速率加快，历期缩短。朱砂叶螨扩散的主要途径为爬行扩散和吐丝垂飘。另外，还可通过风力、昆虫、人畜及人类农事活动等远距离传播。除卵期外，朱砂叶螨各龄螨存在较强的密度效应，密度较高时会导致死亡率增加，尤其是雄螨的死亡率显著增加。导致死亡率尤其是雄性死亡率增加，寿命缩短，繁殖力下降，同时还可影响性比。当密度超过每平方厘米 3 头时雌成螨表现较强的扩散性。

四、发生规律

1. 气候条件

朱砂叶螨的生长发育与周围环境密切相关。高温、低湿、降水少时发生重，但气温过高（超过 35℃）和高湿（相对湿度超过 80%）则不利其发生。高湿条件，尤其是高温高湿环境对朱砂叶螨的生命活动极为不利，高湿使朱砂叶螨卵和幼、若螨的发育历期延长，成螨寿命缩短。相反，高温低湿则是该螨的最佳发育条件。长短光照对朱砂叶螨的影响有显著差异，在 20℃时，短光照明显加速该螨发育，提高种群内禀增长率（rm）值。相反，在适温以上则延缓叶螨发育，rm 相应降低。酸雨在干扰植物生长的同时，也会间接影响朱砂叶螨的生长发育。在主要木薯产区常年为害，如在海南其为害自种植后 1 个月左右，通长在 3 月底 4 月初开始发生并逐渐加重为害，到 7 月下旬开始为发生高峰期，受害株率可高达 85% 以上。在广西武鸣等地，存在两个发生高峰期，分别为 7—8 月和 11 月。

2. 寄主植物

不同品种木薯上朱砂叶螨的发生为害期不同，感性品种发生期早于抗性品种，如在广西武鸣县华南 205 上朱砂叶螨发生期比华南 8 号早 28 天后，比南植 199 早 45 天，但为害高峰期却相同，而抗性木薯品种上的虫口密度远低于感性木薯品种。35℃以上高温并伴随干旱发生时，朱砂叶螨为害减轻。不同栽培模式下，朱砂叶螨的发生规律存在不同，起畦栽培会显著降低朱砂叶螨的为害。

3. 天敌昆虫

被捕食性天敌捕食是影响田间朱砂叶螨种群动态的一个关键因素。不同木薯种植区调查发现，在海南、广西、广东等木薯种植区，拟小食螨瓢虫和塔六点蓟马数量较多，对朱砂叶螨种群具有一定的自然控制作用，而在云南木薯产区，捕食螨数量较多，可能对该产区朱砂叶螨种群具有一定的控制作用。

4. 化学农药

螨类发生代数多、繁殖快，长期单一化学农药的使用不但会杀死杀伤天敌，而且会显著增加其抗性，导致种群数量的增加。朱砂叶螨对阿维菌素和高温具有交互耐性，朱砂叶螨对阿维菌素产生抗药性后会增加其种群对高温的耐受性，而长期的高温胁迫能诱导其对阿维菌素药剂的抗性。

五、防治技术

朱砂叶螨个体小、繁殖快、寄主广、分布广，防治应以抗性品种及栽培措施为主进行综合防治。在木薯种植中，在种植前要降低螨源基数，可通过耕地、灌溉等农业措施以及种茎药剂浸泡、熏蒸等杀灭残留螨源。在种植中期发生初期要及时采取农业防治措施以及使用生物防治方法来防治，而在发生高峰期则要选择低毒高效杀螨剂进行集中连续防治。在种植后期及收获期要及时清理枯枝落叶，降低翌年螨源基数。

1. 农业防治

收获季节清理枯枝落叶，合理深耕和灌溉，减少螨源；中耕除草、合理施肥，增强木薯的生长势，提高其自身的抗螨能力。与玉米、丝瓜、香瓜、茄子、花生等短期作物合理间作，可有效减轻朱砂叶螨对木薯的为害。单一种植时，起畦栽培，亦可有效减轻朱砂叶螨的为害。

2. 生物防治

保护捕食螨、食螨瓢虫、草蛉等螨类自然天敌。对朱砂叶螨的防治较活跃的领域为天敌捕食螨的应用，其中，以植绥螨科的种类较为重要。近些年，有关捕食螨和害螨的关系研究主要集中于朱砂叶螨利它素对捕食螨的定位反应和捕食螨对朱砂叶螨的捕食作用。此外，瓢虫、南方小花蝽和蜘蛛也是农田控制朱砂叶螨种群增长的重要因子。如拟小食螨瓢虫和草间小黑蛛等对朱砂叶螨均有较好的捕食效果，调查发现塔六点蓟马可捕食木薯上朱砂叶螨。

此外，生物源农药在替代和减少化学合成杀螨剂防治朱砂叶螨方面显示了巨大的潜力。姜黄、地肤、黄花蒿、青蒿和许树等的提取物对朱砂叶螨均有较好的防效。

培育抗虫新品种可提高木薯的产量和品质。毒蛋白基因、蛋白酶基因、淀粉酶抑制基因以及植物外源凝集素类基因的表达产物均具有杀虫杀螨性，是今后需研究的一个重要方向。

3. 化学防治

虽然化学防治存在抗药性、环境污染等严重问题，但是由于其施用方便、见效快等优点，化学防治仍然是目前朱砂叶螨等害螨防治的主要措施。在种植时用阿维菌素和毒死蜱乳油以 1：1 的比例混合后 1 000~1 500 倍液浸种茎 5~10s，有效降低木薯朱砂叶螨的为害。在朱砂叶螨发生高峰期，主要通过阿维菌素、哒螨灵、噻螨酮等防治。

第二十四章
麦氏单爪螨综合防治技术

一、分布与为害

为害木薯的单爪螨又名木薯绿螨（Cassava green mite，CGM），属叶螨科单爪螨属（*Mononychellus*），起源于南美洲，曾发现有 8 种单爪螨为害木薯，后经国际热带农业中心 Belloti 进一步确定认为，为害木薯的单爪螨属种类主要有 3 个种，分别是木薯单爪螨 *Mononychellus tanajoa*（Bondor，1938），麦氏单爪螨 *Mononychellus mcgregori* Flechtmann & Baker，1970 和加勒比单爪螨 *ononychellus. caribbeanae*（Gutierrez，1987）。木薯单爪螨主要为害木薯顶芽、嫩叶和茎的绿色部分，以口针刺吸植株冠部的芽、新叶和幼茎汁液。受害叶片均匀布满黄白色斑点、发育受阻，斑驳状，变形，受害严重时可导致叶片褪绿黄化，甚至畸形，枝条干枯，严重时整株死亡（图 24-1）。其可随木薯种苗调运及随风等进行远距离传播扩散，严重为害时可使木薯减产 40%~60%，甚至绝收。该螨于 1971 年在非洲乌干达首次发生与为害，曾导致木薯绝收，目前仍是非洲等木薯种植地区的毁灭性害螨。

图 24-1 麦氏单爪螨（*Mononychellus mcgregori*）为害木薯叶片状（卢芙萍提供）

麦氏单爪螨是近年来入侵泰国、柬埔寨、缅甸等亚洲国家的木薯单爪螨种类，并于2008年首次在我国海南儋州发现，目前在我国的分布区主要为海南儋州、云南大部分地区、广西武鸣及广东湛江部分地区。

二、形态特征

1. 成　螨

体绿色，雌螨体长350μm左右（图24-2），雄螨体长230μm（图24-3），包括颚体长281μm。须肢端感器粗短，长度不到宽度的1.5倍；口针鞘前端钝圆；气门沟末端球形；表皮纹突明显，前足体后端表皮纹轻微网状。前足体背毛、后半体背侧毛和肩毛的长度与它们基部间距相当；后半体背中毛长度约为它们基部间距的二分之一；足Ⅰ胫节有9根触毛和1根纤细感毛，跗节有5根触毛和1根纤细感毛；足Ⅱ跗节有3根触毛和1根纤细感毛，胫节有7根触毛。麦氏单爪螨 Mononychellus mcgregori 与非洲、南美洲发生最严重的木薯单爪螨（Mononychellus tanajoa）无论为害症状、为害部位均很相似，主要的区别在于，麦氏单爪螨背毛长锥形，顶端渐尖，基部具棘，而木薯单爪螨背毛短，无棘。

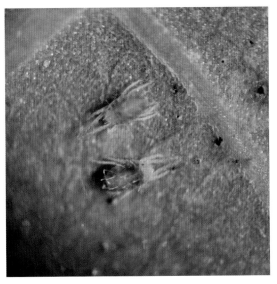

图24-2　麦氏单爪螨（*Mononychellus mcgregori*）雌成螨（卢芙萍提供）

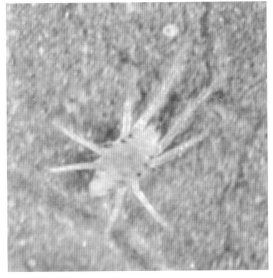

图24-3　麦氏单爪螨（*Mononychellus mcgregori*）雄成螨（卢芙萍提供）

2. 卵

圆球形，产于木薯插条的叶片、叶柄或枝干上。

3.幼　螨

幼螨白色，足 3 对。

4.若　螨

绿色，具 4 对足，无生殖孔，第一和第二若螨的体型大小、腹面毛数、生殖孔等可与成螨区别。

三、生活习性

木薯单爪螨发育与繁殖的适宜温度为 24~28℃，适宜湿度为 75%~85%，适宜光照时长为 12~14 h，适宜在宽叶木薯品种（系）的中上部为害。21℃下，木薯单爪螨发育历期最长，完成一代需 15.42 天，24~33℃温度条件下，木薯单爪螨完成一代需 10.83~11.47 天。36℃高温下，木薯单爪螨完成一代需 10.08 天，但卵的孵化率显著降低，仅为 32.05%，39℃下木薯单爪螨完成一代仅需 9.83 天，但其孵化率仅为 13.42%。在 21~27℃范围，木薯单爪螨后代产卵量随着温度的升高而增加。在 27℃下，平均每雌产卵量最高，可达 50.00 粒，在 30~39℃范围内，木薯单爪螨后代产卵量随温度升高而减少。在 21℃下，产卵持续时间最长，为 47.00 天，产卵高峰期在雌螨羽化后第 2.00~13.00 天，平均每雌每天最大产卵量为 2.00 粒。在 39℃下，产卵持续时间最短，为 9.00 天，产卵高峰期在雌螨羽化后 3.00~6.00 天，平均每雌每天最大产卵量为 1.00 粒。在 21℃下，木薯单爪螨雌成螨寿命最长，为 21.00 天，24℃下为 19.00 天，27℃下为 17.33 天，而 30℃和 33℃下分别为 14.00 天和 12.00 天。而当温度超过 36℃时雌成螨寿命极显著缩短，36℃为 6.33 天，39℃仅为 3.00 天。大雨会木薯单爪螨种群数量下降。

四、发生规律

1.螨源基数

木薯单爪螨可全年为害，卵可产于嫩叶、叶柄及茎部，可随插条传播，枯枝、落叶及插条均可成为翌年螨源。因此，要及时清除受木薯单爪螨为害的枯枝、落叶，种茎要经药剂处理杀死卵及各龄螨后种植。

2.气候条件

湿度对木薯单爪螨发育与繁殖存在显著影响，75%~85% 是木薯单爪螨发育与繁殖的适宜湿度条件。无论湿度过高还是过低均会延长木薯单爪螨的发育历期。当湿度为 55% 和 95% 时，木薯单爪螨卵孵化率和后代产卵量显著降低，雌成螨寿命显著缩短。当湿度为 65% 时，木薯单爪螨卵孵化率、平均每雌产卵量以及成螨寿命均与 75% 和 85% 湿度条件下无显著差异，但其发育历期却显著延长。光照主要通过影响卵和前若螨的发育历期影响木薯单爪螨总发育历期，对幼螨和后若螨的发育历期无显著影响。木薯单爪螨需要光照时间长于 10 h 才可正常的完成发育与繁殖，其中 12~14 h 为木薯单爪螨发育与繁殖的适宜光照时长。随着光照时间的延长，木薯单爪螨总发育历期呈逐渐缩短趋势。光照小于 10 h，木薯单爪螨卵期显著延长；光照时间为 12 h 和 14 h 时，卵期最短，后代孵化率可达 100%，但 12~18 h 光照对木薯单爪螨卵期无显著影响。随着光照时间的延长，木薯单爪螨前若螨的发育历期逐渐缩短，光照小于 10 h 木薯单爪螨后代卵的孵化率显著降低，成螨寿命显著缩短，光照时间为 6 和 8 h 时的木薯单爪螨后代卵孵化率仅分别为 69.67% 和 81.36%，成螨寿命仅分别为 12.67 天和 14.33 天。随光照时间的延长，木薯单爪螨平均每雌产卵量逐渐增加，从光照 6 h 时的 32.47 粒升高到 14 h 时的 45.33 粒，随后开始缓慢降低，光照 6~8 h 和光照 12~14 h 木薯单爪螨的产卵量之间存在显著差异。

3. 寄主植物

木薯单爪螨目前国内的主要寄主为木薯，亦发现为害橡胶，研究发现木薯单爪螨在橡胶上的发育与繁殖与在木薯敏感品种上的相当。

4. 天敌昆虫

捕食螨艾氏新绥螨 *Neoseiulus idaeus* Denmark & Muma 对巴西塞尔瓦多木薯种植区木薯单爪螨的种群动态监测发现，捕食螨种群密度过大会对其捕食功能产生反馈抑制作用。1989 年以前，在哥伦比亚调查到多达 32 种植绥螨，对木薯单爪螨种群具有一定抑制作用。

5. 化学农药

针对木薯单爪螨曾先后筛选出一些有效的杀螨剂，但因一些免费试用未经环境安全性检测的化学杀螨剂常被散发给木薯种植户用以防治木薯单爪螨，不仅导致环境遭到破坏，且使木薯单爪螨的抗药性增强，随后的暴发成灾更加严重。

五、防治技术

木薯单爪螨为新入侵我国热区的害螨，目前分布范围在逐渐扩大，因此，需加强检疫工作，减缓其扩散速度。筛选、培育抗性品系、引进和保护有效天敌及加强栽培管理的综合防治措施相关研究在非洲乌干达等国家已有报道，并已获得比任何单独防治措施更有效和更经济的控制效果。

1. 农业防治

种植时采用无螨害种茎。培育抗虫新品种可提高木薯的产量和品质。中耕除草、摘除或剪除有螨株及中心株，消除其隐蔽场所、减少螨源；合理施用各种肥料，增强作物的生长势，提高作物自身的抗螨能力；保护捕食螨、食螨瓢虫、草蛉等螨类自然天敌；合理深耕和灌溉可杀死大量螨源；玉米、丝瓜、茄子、花生与木薯合理间作，可有效减轻其为害。木薯收获后及时清理枯枝落叶，集中销毁，以降低翌年螨源基数。

利用品种抗性和生物防治为防治木薯害虫和害螨的首选措施。据国际热带农业研究中心调查报道，在其所有调查木薯品种中易感木薯单爪螨的品种占45%，中等抗性的品种占14%。Benntt和Yaseen报道，木薯单爪螨在木薯不同品种中的种群数量差异大，其中Kru46、Kru 15、Kru K和Kawanda等品种上木薯单爪螨数量最低。坦桑尼亚地区木薯品种对木薯单爪螨的抗性结果表明，高感品系有Yohana、Chombela、Liongo和Lumalampunu，中等抗性品系有Kayeba、Mabale和Kihony，高抗品系有Mzimbitala、Kongolo、Dalama、NJemu和Kanyanzige。根据叶片短柔毛的密集程度，可判断品种对木薯单爪螨的抗性程度，而叶片短柔毛的存在与否可作为鉴别木薯品种是否抗螨的指标。Nukenine等研究表明，木薯品种（系）显著影响木薯单爪螨种群的增长，1月是筛选抗木薯单爪螨抗性种质的最有利时机。

2. 生物防治

木薯单爪螨的天敌有捕食性螨艾氏新绥螨 Neoseiulus idaeus Denmark & Muma 和阿里波小盲走螨 Typhlodromalus aripo DeLeon、蜘蛛、瓢虫、草蛉、蜻类、蓟马和瘿蚊等。由于经济、效果长久且对环境无害，保护和利用这些天敌进行防治显出更好的前景。

木薯单爪螨自1971年传入非洲乌干达后，导致了80%的产量损失，严重者甚至绝收，对木薯产业造成了严重的威胁。CMB、IITA以及CIAT等国际合作组织通过18年共同合作研究，基本摸清了木薯单爪螨的自然分布范围，并且发现了木薯单爪螨的重要天敌阿里波小盲走螨是一种捕食性天敌，其被发现后很快即成功应用。该捕食螨是目前非洲、南美洲等用以防治木薯单爪螨的主要天敌之一。1989年以前，在哥伦比亚调查到32种木薯害螨天敌—植绥螨，并成功研发出一种简单、经济有效的植绥螨饲养方法——Mesa-Bellotti群体饲养法，成功应用于木薯单爪螨的生物防治。另外还发现了木薯单爪螨专性寄生真菌塔氏新接合霉 Neozygites tanajoae 和佛罗里达新新接合霉 Neozygites loridana，因其寄主专一，目前也已在很多木薯种植区应用。

迄今为止，对木薯单爪螨的主要天敌的利用也存在一些问题。对巴西塞尔瓦多木薯种植区木薯单爪螨及其两种天敌（艾氏新绥螨 Neoseiulus idaeus Denmark & Muma 和塔氏新接合霉 N. tanajoae）的种群动态监测发现，捕食螨种群密度过大会对其捕食功能产生反馈抑制作用，而对木薯单爪螨寄生真菌塔氏新接合霉的调查发现，虽然通过回归模型已简单预测到真菌寄生的高峰时间与木薯单爪螨的种群发生高峰期一致，但实际上，在该时间塔氏新接合霉对木薯单爪螨的种群数量并不能产生显著影响，因为其正处在营养生长阶段，不能产生繁殖体，而当叶片已开始脱落，木薯单爪螨种群已衰退时，塔氏新接合霉却开始流行致病。因此，对天敌的利用要掌握好时间，不能仅根据模型来确定。而从不同木薯单爪螨种群分离得到的塔氏新接合霉具有不同的感染和致病能力，在利用时要考虑地理种群差异。

3.化学防治

螨类的生活周期短，化学杀螨剂的使用易使其增加抗性，而有些杀螨剂还能刺激螨类的生殖和迁移，但在严重为害期间，药剂防治仍是不可缺少的手段。在乌干达，自木薯单爪螨传入后，先后筛选出一些有效的杀螨剂，但令人遗憾的是，因为无政府监控，一些免费试用未经环境安全性检测的化学杀螨剂常被散发给木薯种植户用以防治木薯单爪螨，导致环境遭到破坏，人类的身体健康受到了威胁。因此建议化学防治作为木薯单爪螨最后一种防治措施。

做好田间监测工作，及时用药防治，有效的药剂有阿维菌素、哒螨灵、噻螨酮等。

第二十五章

铜绿异丽金龟综合防治技术

一、分布与为害

在木薯上发生为害较重的金龟子为铜绿异丽金龟（*Anomala corpulenta* Motschulsky），又称铜绿金龟子，属鞘翅目丽金龟子科，主要以幼虫咬食木薯鲜薯及种茎。该虫为害多种林木和果树，是国内外公认的较难防治的土栖性害虫，在我国也是地下害虫优势种之一，我国除西藏、新疆外的各省（区）均有发生。蛴螬为害鲜薯症状见图25-1。

图 25-1　蛴螬（铜绿异丽金龟幼虫）为害鲜薯
（陈青提供）

二、形态特征

1. 成　虫

体中型，长卵形，体长为15~22mm，宽为8~12mm。背面铜绿色，有金属光泽，前胸背板、小盾片色较深。鞘翅色较淡而泛铜黄色，密布刻点，两侧具不明显的纵肋4条，肩部具疣突。头部较大，头和前胸背板色泽明显较深，唇基梯形，短阔。唇基前缘呈淡黄褐色，触角黄褐色，呈鳃状。前胸背板发达，前缘弧形内弯，侧缘弧形外弯，前角锐，后角钝。臀板黄褐色，三角形，常具1~3个形状多变的铜绿或古铜色斑纹。腹面乳白、乳黄或黄褐色。前足胫节外缘2齿，内缘距发达。臀小盾片半圆，鞘翅背面具2条纵隆线。详见图25-2。

图 25-2　铜绿异丽金龟成虫（左♀，右♂）
（陈青提供）

2. 卵

初产时椭圆形，乳白色，长为 1.65~1.93mm，宽为 1.30~1.45mm，孵化前呈圆球形，长为 2.4~2.6mm，宽为 2.1~2.3mm，卵壳表面光滑。

3. 幼　虫

体肥大，体型弯曲呈 C 形，多为白色，少数为黄白色。头部褐色，腹部肿胀。体壁柔软多皱，具胸足 3 对。3 龄幼虫体长为 30~33mm，头宽为 4.9~5.3mm，头长 3.5~3.8mm。头部前顶刚毛每侧 6~8 根，排成一纵列。额中侧毛每侧 2~4 根。臀节腹面覆毛区刺毛列由长针状刺毛组成，每侧多为 15~18 根，两列刺毛尖端大多彼此相遇或交叉，刺毛列的前端远没有达到钩状刚毛群的前部边缘。详见图 25-3。

4. 蛹

体稍弯曲，长为 18~22mm，宽为 9.6~10.3mm，臀节腹面雄蛹有四裂的疣状突起，雌蛹较平坦，无庆状突起。

图 25-3　蛴螬（铜绿异丽金龟幼虫）
（陈青提供）

三、生活习性

铜绿丽金龟每年发生一代，幼虫共 3 龄，多以幼虫在地下活动，老熟幼虫作土室化蛹，预蛹期约 12 天，4 月底 5 月初成虫开始羽化出土。成虫喜欢栖息在疏松、潮湿的土壤中，潜入深度一般为 7cm 左右。铜绿丽金龟卵、一龄幼虫、二龄幼虫、三龄幼虫、整个幼虫期、蛹、成虫以及全世代的发育起点温度分别为：(11.93 ± 0.61)℃、(10.09 ± 0.64)℃、(10.12 ± 0.63)℃、(4.11 ± 0.56)℃、(4.50 ± 0.52)℃、(10.42 ± 0.22)℃、(9.18 ± 0.73)℃ 和 (6.96 ± 0.53)℃。相应的有效积温分别为：(128.50 ± 5.19)℃、(353.45 ± 14.77)℃、(374.04 ± 15.50)℃、(3139.85 ± 91.30)℃、(4132.56 ± 112.84)℃、(168.62 ± 2.34)℃、(526.21 ± 24.67)℃和 (4587.01 ± 146.82)℃。成虫昼伏夜出，多在傍晚活动，进行交配产卵，夜晚闷热无雨活动最盛，活动最适温度 25℃，相对湿度 70%~80%。成虫平均寿命约为 30 天，一生可交尾多次，有较强的趋光性和假死性。卵产于土中，雌虫每次产卵 20~40 粒，6 月至 7 月间新一代幼虫孵化。铜绿丽金龟幼虫可在木薯种植初期为害土中的种茎，而鲜薯可常年受其为害。

四、发生规律

1.虫源基数

随着农业的发展，近年来，免耕种植作物面积逐渐增大，农田耕翻次数减少，而旋耕技术的推广使用，导致土壤耕层较浅，有利于地下害虫虫源积累。

2.气候条件

幼虫的发生为害与土壤温度、湿度、耕作栽培以及农田附近的林木、果树等生态条件有密切关系，从而影响其为害程度。而其中，土壤湿度铜绿丽金龟子幼虫的影响较大，土壤湿度适中，土壤绝对含水量含水量为 18%~20% 时比较适宜其幼虫生长，土壤含水量低于 10% 时，幼虫食量减少，体重减轻。土壤含水量高于 25%，土壤形成泥泞状态，造成土壤中氧气缺乏，不利于幼虫生长，导致其死亡。

3.寄主植物

与甘蔗、甘薯及花生等作物轮作的木薯地块，蛴螬的发生较重。

4.天敌昆虫

白僵菌、绿僵菌、黏质沙雷氏杆菌以及昆虫病原线虫（异小杆科线虫）均可自然感染铜绿丽金龟幼虫，影响其种群数量。

五、防治技术

因地下害虫为害重，防治难度大，缺乏监管，化学防治在短期内能很好起到防治效果，长期以来多使用高毒、高残留农药进行防治，不但杀死杀伤天敌，且导致生态环境遭受破坏。铜绿丽金龟寄主广，为害重，防治难度大，对其防治，应继续贯彻执行预防为主，综合防治的植保方针，依法治理、促进健康，提倡生物防治为主，同时积极研发高效、低毒、低残留的化学杀虫剂。

1.农业防治

木薯种植过程中，在施用有机肥料前，要先将其经过高温发酵，杀死幼虫和虫卵，减少其为害。

近年来，旋耕机械逐步取代了传统的犁耙机械，造成土壤孔隙过多，使蛴螬等地下害虫的生长繁殖有更好的空间条件。另外，木薯渣、秸秆还田等也为其提供了充足的有机养分及食料，给蛴螬等地下害虫提供了生存的有利环境。木薯地灌溉少，减少了对地下害虫的杀伤，也给地下害虫的生存提供了有利的条件。木薯也被称作是一种"懒人作物"，在一些小农户的种植地，播种下去后便不再管理。所有这些均导致蛴螬等地下害虫虫源基数增加，是近年来蛴螬等地下害虫猖獗发生的重要原因。

因此，在地下害虫防治中要提倡机耕全垦、多犁多耙，尽量杀死土中的幼虫和蛹，减少来年虫源基数，降低其为害潜力。土壤旋耕后进行镇压，减少土壤孔隙，恶化地下害虫生活条件。在蛴螬大量发生的地块，收获后翻耕土壤，直接消灭一部分残留虫源，同时将大量虫体暴露地表或浅土层中，使其被天敌啄食等。

2. 生物防治

苏云金芽胞杆菌、昆虫病原真菌如绿僵菌、白僵菌在蛴螬的防治上具有极大的应用潜力，连续几年施用，可使土壤中带菌量逐年增加，有可能造成蛴螬自然流行病，起到长期控制的作用。布氏白僵菌 Bbr17 对铜绿丽金龟幼虫感染率高，毒力效果好，在卵期或幼虫期施药，以活菌体施入土壤，效果可延续到下一年，在根部土表开沟施药并盖土。或者顺垄条施，施药后随即浅锄，能浇水更好。我国已经对铜绿丽金龟性信息素进行了有益的研究和探索，但未见结构鉴定方面的报道，有待进一步研究。

3. 物理诱杀及人工防治

铜绿丽金龟具有较强的趋光性，因此可根据铜绿丽金龟的生活习性晚上出土、交配、取食等活动习性，使用黑光灯诱杀。黑光灯的发光波长在 360nm 左右，对铜绿金龟子有较好诱性，可每天晚上开灯进行诱杀。也可采用双色灯或振频式诱虫灯诱杀。

与其他金龟子一样，铜绿丽金龟成虫具有假死性，因此，可利用成虫的假死特性以及其活动规律进行人工捕捉。

同其他金龟子一样，铜绿丽金龟成虫对糖醋液有趋性，可利用糖醋液诱杀。

另外，铜绿丽金龟对蓖麻具有趋性，因此可在田间种植蓖麻设置陷阱诱杀成虫。

4. 化学防治

种植前用阿维菌素和毒死蜱以 1∶1 的比例混合后 1 000~1 500 倍液浸泡种茎 5~10min，可有效防治铜绿丽金龟幼虫的发生。种植时可用每公顷 15kg 阿维菌素与毒死蜱颗粒剂，或 40% 辛硫磷、敌百虫晶体、烟草水等与基肥混合施于种植穴内，可有效控制其发生。

40% 毒死蜱乳油 1 000 倍液，1 500 倍液以及 10% 灭多威可湿性粉剂 1 500 倍液处理对铜绿丽金龟成虫的触杀效果最好，亦可在其成虫出土时进行喷施或与基肥共同追施。

第二十六章
美地绵粉蚧综合防治技术

一、分布与为害

美地绵粉蚧（*Phenacoccus madeirensis* Green）属同翅目粉蚧科，以成、若蚧刺吸为害木薯叶片和嫩茎，并可诱发霉烟病，使木薯叶片光合作用降低，降低木薯产量（图 26-1 至图 26-3）。美地绵粉蚧是为害木薯的主要粉蚧种类之一，原产地为中南美洲，现已有记录地区包括热带非洲区、古北区、新北区与澳洲区，1970 年曾在非洲木薯种植区大量发生，造成叶片 100% 受害，鲜薯产量损失达 60%。近年来，该虫入侵日本、泰国、缅甸、老挝、柬埔寨、越南在内的亚洲国

图 26-1　美地绵粉蚧为害木薯叶片（陈青提供）

图 26-2　美地绵粉蚧
为害木薯嫩茎（陈青提供）

图 26-3　美地绵粉蚧 *Phenacoccus madeirensis* 为害木薯诱发
煤烟病（陈青提供）

家，并暴发成灾，造成严重的产量损失。在秘鲁为害马铃薯，在意大利首先于 1990 年发现于西西里岛，现已成为 1 种严重的观赏植物害虫。该虫于 2002 年入侵我国台湾，2009 年首次在海南三亚发现为害扶桑（*Hibiscus rosasinensis*），2010 年在木薯上发生为害，目前主要分布于海南部分木薯种植区。

二、形态特征

雌成虫活虫体常绿色。主要识别特征包括在胸部背面中区和亚中区缺多格腺，多格腺在腹部第 4~7 节背面成行或带，缘区或亚缘区可向前延伸至第一腹节；刺孔群 18 对。五格腺仅在腹面。背刚毛短、锥状，许多刺基附近有 1 或 2 个三格腺。雌虫若虫共 3 龄，其中三龄若虫与成虫相似，仅大小具有差异。雄虫若虫共 4 龄，其中第三龄和第四龄包裹与丝状隧道中，即蛹期，随后羽化为具有飞翔能力的雄成虫，但口器退化。雌雄差异仅到三龄若虫期才可区分。

三、生活习性

美地绵粉蚧寄主多达 52 科、160 余种，在木薯上普遍发生。该虫在意大利西西里岛每年发生 5~6 代，以卵或雌成虫越冬，世代重叠。在适宜条件下，10~22 天即可完成 1 代，但视温度而定，最适宜的温度为 25~30℃。生殖方式为两性生殖，每雌平均产卵 600 多粒，产在包裹虫体全身的卵囊内，一头雌虫一生仅产一个卵囊，卵囊主要产在叶片中脉附近。一龄若虫活动能力最强，二龄开始活动能力减弱，甚至固定位置不动。可在干、枝、叶片和果实上为害，但更喜在叶片背面、嫩枝和芽上为害。温度和寄主植物是影响美地绵粉蚧成虫寿命以及雌虫产卵量的重要因素。

四、发生规律

1. 虫源基数

耕作方式、种茎、收获后残存虫源的处理与否均直接影响美地绵粉蚧虫源基数。气候、天敌以及周围寄主植物种类均影响美地绵粉蚧的种群数量。

2. 气候条件

温度在 15℃和 35℃时美地绵粉蚧不能完成全代发育，不能发育至成虫即全部死亡。在 20~32℃的温度范围内，美地绵粉蚧从卵到成虫的平均发育历期均以 20℃时最长，30℃下发育最快，其中在 20℃和 30℃下的发育时期，雄虫分别需 58~78 天和 22~25 天，雌虫分别约需 48~70 天和 18~25 天。成虫寿命随温度的升高而缩短，20℃时最长，30℃下最短，其中在 20℃和 30℃下的成虫寿命，雄虫分别约需 5~6 天和 2~3 天，雌虫分别约需 26~40 天和 12~15 天。

3. 寄主植物

美地绵粉蚧寄主范围广，繁殖能力强，入侵新的环境后，一旦条件适宜并找到合适寄主即可快速定殖并扩散。但寄主植物对其种群存活的影响较大，寄主植物是影响其成虫寿命及雌成虫产卵量的重要因素。在番茄、绿豆和咸丰草上的种群动态观察表明，最大净增长率（R0）在番茄上为 30℃下的 33.9，在绿豆上为 28℃下的 248.0，以及咸丰草上为 25℃下的 71.0。种群最短倍增时间（Dt），在番茄上为 30℃下的 24.6 天，在绿豆上为 30℃下的 10.2 天，以及咸丰草上为 25℃下的 30.3 天。35℃下，在绿豆与咸丰草叶上所产卵囊内均为空卵。

4. 天敌昆虫

寄生蜂长索跳小蜂 *Anagyrus* sp. nov.nr. *sinope* Noyes & Menezes 是美地绵粉蚧的重要寄生性天敌，主要寄生二龄若虫和产卵前期成虫。寄生蜂对寄主不同发育阶段的寄生力不同，也导致了其对美地绵粉蚧种群数量的控制效果不同。寄生寄主两个不同阶段对寄生蜂的发育、后代个体的大小、种群数量、性比等均有显著影响，寄生后寄主美地绵粉蚧干瘪时间也会导致寄生蜂种群数量的变化。寄生二龄若虫后寄主若能发育至成虫后干瘪则会显著增加羽化寄生蜂成虫的雌性百分率，个体显著增大，群体数量也增加，对后续美地绵粉蚧的种群的影响也较大。

五、防治技术

目前，国际上防治木薯粉蚧提倡长久、生态安全以及经济上具有可持续发展的方法，其中，最好且被广泛使用的防治方法是利用天敌进行生物防治，其次通过选育抗性品种进行防治。生物防治过程中，天敌的释放必须要有专业人员指导释放，需有专门的生物防治专业化队伍进行培训，而抗性品种的使用需要与生物防治相结合，除非抗性品种对粉蚧的抗性非常强。在非洲一些小的种植户仍采用化学药剂进行防治，因此为保证生态和环境安全以及有效持续防控粉蚧的发生为害，还需要政府部门等的参与。

1. 农业防治

采用无虫害种茎。在种植期增施有机肥，提高作物自身抗性。另外，合理轮作与间作，破坏该害虫生存环境。在粉蚧发生期及木薯收获后及时清除受粉蚧为害的枯枝落叶和不用种茎，集中销毁，以减少翌年虫源。

2. 生物防治

保护利用天敌。粉蚧的自然天敌有孟氏隐唇瓢虫（*Cryptolaemus montrouzieri*）、陡胸瓢虫（*Clitostethus neuenschwanderi* Fursch）、小基瓢虫（*Diomus austrinus* Green）、亨氏基瓢虫 *Diomus hennesseyi* Fursch、弯叶毛瓢虫（*Nephus phenacoccophagus*）和跳小蜂等，要注意保护利用。发生期使用化学杀虫剂应选天敌隐蔽期使用，采取挑治方法，或使用选择性农药，以保护天敌，发挥其对粉蚧的自然控制作用。

3. 物理（人工）防治

可用硬毛刷或细钢丝刷刷除寄主枝干上的虫体。剪除被害严重的枝条，集中烧毁。

4. 化学防治

在种植时用阿维菌素和毒死蜱乳油 1 000~1 500 倍液浸泡种茎 5~10min 可杀死美地绵粉蚧等木薯害虫，降低虫源基数，对美地绵粉蚧具有一定的控制作用。在木薯生长期，要加强监测，根据调查测报，抓准在初孵若虫分散爬行期实行药剂防治。推荐使用 1.8% 阿维菌素乳油 1 500 倍液与 48% 毒死蜱乳油 1 000 倍液滴加少量食用油混合喷洒防治，也可用含油量 0.2% 的黏土柴油乳剂混 80% 敌敌畏乳剂、50% 混灭威乳剂、50% 杀螟硫磷可湿性粉剂、或 50% 马拉硫磷乳剂的 1 000 倍液。

第二十七章
甘蔗病毒病综合防控技术

一、甘蔗常见病毒病

病毒性病害是甘蔗的重要病害，它们会导致甘蔗的产量和品质的下降。甘蔗常见的病毒病有甘蔗花叶病、甘蔗黄叶病、甘蔗杆状病和甘蔗斐济病。

1. 甘蔗花叶病（Sugarcane mosaic disease）

（1）症　状

甘蔗花叶病也称甘蔗嵌纹病，其症状主要表现为叶片上出现黄绿相间的短条纹、条斑或斑驳，长短大小不一，幼嫩叶基部症状最为明显，有时会出现明显的黄绿相间界线或不同程度的变红、坏死（图27-1）。与大多数甘蔗疾病一样，甘蔗花叶病的症状可能随着甘蔗种类，生长条件和涉及的病毒株的强度而有所变化。

（2）病　原

甘蔗花叶病的病原有6种，分别是高粱花叶病毒（*Sorghum mosaic virus*，

图 27-1　病叶

SrMV）、甘蔗花叶病毒（*Sugarcane mosaic virus*，SCMV）、甘蔗线条花叶病毒（*Sugarcane streak mosaic virus*，SCSMV）、玉米矮花叶病毒（*Maize dwarf mosaic virus*，MDMV）、约翰逊草花叶病毒（*Johnsongrass mosaic virus*，JGMV）、玉米花叶病毒（*Zea mosaic virus*，ZeMV）。其中，SrMV、SCMV 和 SCSMV 3 种病毒是甘蔗花叶病的主要病原，都属于马铃薯 Y 病毒科（*Potyviridae*），但是属于不同病毒属，SrMV 和 SCMV 是属于马铃薯 Y 病毒属（*Potyvirus*），而 SCSMV 则属于禾本科病毒属（*Poacevirus*）。SCMV、SrMV 和 SCSMV 病毒粒体均为弯曲线状、无包膜，与马铃薯 Y 病毒科成员类似，外壳蛋白（coat protein，CP）包裹着 1 条正单链 RNA（+ss-RNA）基因组，基因组全长约 10 kb。详见图 27-2。

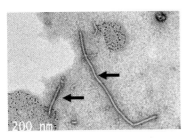

SrMV 病毒粒体

SCMV 病毒粒体

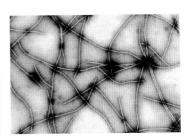

SCSMV 病毒粒体

图 27-2

（3）分布与为害

甘蔗花叶病是甘蔗的主要病毒病害，广泛分布于全球各大甘蔗产区。甘蔗感染甘蔗花叶病后，叶片叶绿素受到破坏或不正常发展，会出现植株矮化，分蘖减少，生长缓慢、蔗茎含糖量降低等现象，进而影响甘蔗的产量和品质。

（4）传播途径与发病条件

SrMV 和 SCMV 通过蚜虫以非持久性的方式传播，已发现有 25 种以上的蚜虫可以作为传播媒介，主要有玉米蚜（*Rhopalosiphum maidis*）、棉蚜（*Aphis gossypii*）、桃蚜（*Myzus persicae*）、狗尾草蚜（*Hysternoeura setariae*）、麦二叉蚜（*Schizaphs gram inum*）等。目前，SCSMV 的传播介体尚不清楚；3 种病毒都可以通过蔗种、机械、刀具和摩擦接种进行传播。

品种抗性是影响发病的重要因素。在甘蔗属的 5 个种中，热带种高度感病，印度种和大茎野生种感病，中国种和割手密高度抗病或免疫。用含有抗性强的血缘的栽培种作种，其植株表现出免疫或高度抗病。因此田间主栽品种感病、气候异常、高温少雨天气多、宿根蔗年限长、长期连作甘蔗等都可能造成甘蔗花叶病的严重发生或大流行。

2. 甘蔗黄叶病（Sugarcane yellow leaf disease）

（1）症　状

染病甘蔗生长早期没有症状或者症状不明显，生长中后期症状开始显现，症状特征为显症初期甘蔗叶片中脉下表皮部分组织黄化呈现黄色，中脉上表皮为正常绿色，随着病情发展，全叶黄化，继而中脉两侧变为红褐色，严重时叶组织自顶部向基部逐渐干枯坏死。详见图 27-3。

图 27-3　病叶

（2）病　原

甘蔗黄叶病的病原为甘蔗黄叶病毒（*Sugarcane yellow leaf virus*，SCYLV），甘蔗黄叶病毒在分类学上属于黄症病毒科（*Luteoviridae*）马铃薯卷叶病毒属（*Polerovirus*），病毒粒子为二十面对称体球形，直径大小为24~29 nm，由蛋白质外壳及其包裹着的一条单链、正性的 RNA（ssRNA）构成。甘蔗黄叶病毒在甘蔗植株体内仅分布于叶片的韧皮部组织。详见图27-4。

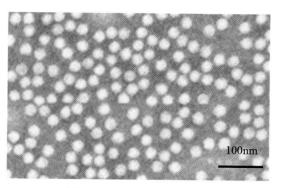

100nm

图27-4　SCYLV病毒粒子

（3）分布与为害

甘蔗黄叶病是一种普遍发生的流行性病害。目前，甘蔗黄叶病在全球30多个种植甘蔗的国家和地区均有发生，并不断蔓延扩大，中国的广西、云南、广东、海南、福建等蔗区也普遍存在。

甘蔗黄叶病能对甘蔗植株光合速率、碳氮代谢及多胺代谢产生影响，会引起甘蔗蔗茎数量减少和蔗糖含量降低，从而影响甘蔗的产量和品质。

（4）传播途径与发病条件

自然条件下，甘蔗黄叶病可以通过甘蔗绵蚜（*Ceratovacuna lanig-era*）、高粱蚜虫（*Melanaphis sacchari*）、玉米叶蚜（*Rhopalosiphum maidis*）、水稻根蚜（*Rhopalosi-phum rufiabdominalis*）以持久性方式传播，不能通过机械或摩擦接种进行传播，长距离扩散则随感病植株的调运而传播。

甘蔗黄叶病多在甘蔗生长中后期显症，干旱、低温、涝害、营养缺乏、土壤不良等环境条件均能促进显症明显。

3. 甘蔗杆状病（Sugarcane bacilliform disease）

（1）症状

甘蔗感染甘蔗杆状病后叶片会出现斑点和斑驳，发病严重的植株叶片出现不同程度的褪绿条纹或者褪绿斑块，叶片皱缩，茎杆节间出现裂缝，植株束顶矮化矮缩。甘蔗杆状病有时会出现隐症现象，即染病后植株没有表现出明显的症状。详见图27-5。

（2）病原

甘蔗杆状病的病原为甘蔗杆状病毒（*Sugarcane bacilliform virus*，SCBV），SCBV属于花椰菜病毒科（*Caulimoviridae*）杆状DNA病毒属（*Badnavirus*），病毒粒体为杆状形，没有包膜，两端圆滑，两边平行，大小为

图27-5　病叶

30nm×（130~150）nm。SCBV基因组为环状双链DNA，大小为7.3~8.0kb。详见图27-6。

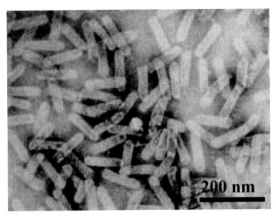

图27-6　SCBV病毒粒子

（3）分布与为害

甘蔗杆状病于1985年在古巴的甘蔗品种B34104上首次被发现，随后迅速扩散。目前，在世界许多主要甘蔗产区均有发现，包括巴西、美国、中国、印度、澳大利亚、南非、毛里求斯、马达加斯加、马德拉、马拉维、巴布亚新几内亚、摩洛哥和留尼汪岛等20多个国家地区。近年来，在中国广西、广东、云南、福建、海南等蔗区均有发现甘蔗杆状病。

甘蔗杆状病会导致甘蔗的单茎重、出汁率、蔗糖分的降低，使甘蔗的产量和品质下降。

（4）传播途径与发病条件

甘蔗杆状病主要通过甘蔗红粉蚧（*Saccharicoccus sacchari*）和甘蔗灰粉蚧（*Dysmicoccus boninsis*）以半持久性方式进行传播，通过带毒蔗种进行长距离传播，不能通过机械传播。甘蔗红粉蚧或甘蔗灰粉蚧大量存在，宿根蔗年限长、品种单一化、逆境胁迫等条件均能促进甘蔗杆状病的发生。

4. 甘蔗斐济病（Sugarcane Fiji Disease）

（1）症状

甘蔗斐济病的症状主要表现为甘蔗植株显著矮化，叶片变短，呈剑形，在叶片的下表皮长有许多大小不一的瘿（肿瘤），长1~50mm，宽2~3mm，高1~2mm，靠近中脉形成的瘿往往较大。在适宜条件下，染病的蔗株很快便显示出蔗叶扭歪和生长停滞，长出的叶片，一叶较一叶短，而且越来越粗越挺硬，结果梢头呈现扇状。

（2）病原

甘蔗斐济病的病原为甘蔗斐济病毒（*Sugarcane Fiji disease virus*，SFDV），SFDV属呼肠孤病毒科（*Reoviridae*）斐济病毒属（*Fijivirus*）。SFDV呈粒体球状，直径约70 nm。

（3）分布与为害

在菲律宾、巴布亚新几内亚、泰国、、斐济、澳大利亚、西萨摩亚、新不列颠、新赫布里底（群岛）等多个国家和地区都有该病害的发生。目前中国尚未见该病害发生的报道。甘蔗斐济病会导致甘蔗蔗茎数量减少，从而造成甘蔗的产量减少。

（4）传播途径与发病条件

甘蔗斐济病在田间主要通过昆虫传播，通过甘蔗扁角飞虱（*Perkinsiella saccharicida Kirk.*）和野石蚕飞虱（*P. vastatrix Breddin*）以持久性方式进行传播，以带病蔗种作远距离传播和初次侵染源，田间的染病蔗株是再次侵染源。

二、甘蔗病毒病监测技术

以不同生态蔗区为划分单元，采用病害快速灵敏的检测试剂盒及技术，结合田间定点定时调查，对甘蔗主要病毒性病害进行精准监测，明确各蔗区主要病毒性病害的种类、发生与流行特点及为害状况，优化和建立甘蔗主要病毒性病害的监测网及预警技术平台，为甘蔗重要病毒性病害的绿色防控提供科学依据。

三、甘蔗病毒病防控技术

根据不同生态蔗区主要病毒性病害的发生与流行特点，以选用抗病品种为基础，结合高效低风险新型农药、以健康脱毒种苗为蔗种，建立符合生态安全、食糖安全和农业可持续发展要求的甘蔗主要病毒性病害绿色防控技术。

1. 种植抗性品种

选取对甘蔗病毒病具有抗性的品种进行种植，能防止甘蔗病毒病的发生。但是由于甘蔗品种的抗病性具有局限性，一个甘蔗品种往往只是对一种或数种甘蔗病毒有抗性，不是对所有的甘蔗病毒都有抗性，因此该方法不能全面防止甘蔗病毒病，具有一定的局限性。

2. 脱毒甘蔗健康种苗

通过恒温热处理结合腋芽分生组织培养方法对甘蔗种苗进行脱毒处理，可以使种茎脱去由于多年种植所积累的病原，获得甘蔗脱毒健康种苗，用甘蔗脱毒健康种苗进行甘蔗生产，是目前最有效的、应用最普遍的防控甘蔗病毒病的途径。

3. 病原的综合防治

对甘蔗病毒病的病原进行综合防治，能避免甘蔗受到病原的侵染及病原的传播扩散，能防止甘蔗病毒病发生。病原的综合防治方法有：对砍蔗刀消毒、及时拔除病株、药剂防治病原及传播虫媒、加强田间管理等。

第二十八章
甘蔗主要病害防治技术

一、甘蔗凤梨病

1. 名称

甘蔗凤梨病，Pineapple disease of sugarcane，拉丁学名 Ceratocystis paradoxa Moreau.

2. 形态识别

病菌无性繁殖产生薄壁和厚壁两种类型的分生孢子，薄壁分生孢子单胞、无色，长方形，内壁芽生式从分子孢子梗上生出，大小为（7~23）μm×（2~2.2）μm；厚壁分生孢子单胞、棕黄色至黑褐色，椭圆形，在分子孢子梗上成链状着生，大小为（10~24）μm×（8~20）μm，在病部大量后产生形成黑色霉层。有性阶段的子囊壳长颈瓶状，深褐色，大小为（210~304）μm×（1 100~1 490）μm；子囊卵圆形，后期易消解；子囊孢子单胞、无色，椭圆形，大小为（7.5~10）μm×（3~4）μm。详见图 28-1。

3. 分布与为害

所有栽培甘蔗的国家均有发生，主要为害甘蔗的种茎，造成新植种腐烂，萌芽减少，缺株严重。详见图 28-2。

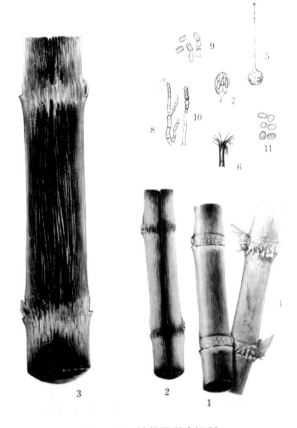

图 28-1 甘蔗凤梨病识别

1、2、3 种茎被害状，4 健康种茎，5、6 病原菌子囊壳及其顶端放大，7 子囊和子囊孢子，8 小分生孢子梗和小分生孢子，9 小分生孢子放大，10 大分生孢子梗和大分生孢子，11 大分子孢子放大（摘自阳明剑的《甘蔗病虫鼠草防治彩色图志》）

图 28-2　甘蔗凤梨病为害状：果蔗发病蔗茎呈黑褐色

4. 生物学及发生规律

其病原菌无性阶段为半知菌类、丝孢纲、丝孢目、鞘孢属的寄生鞘孢 *Chalara paradoxa*（De Seyn.）Sacc. = *Thielaviopsis paradoxa*（De Seyn.）Hohn.。有性阶段为子囊菌门、核菌纲、长喙壳属的寄生长喙壳 *Ceratocystis paradoxa*（Dade）C. Moreau。

发病初期，受侵染的甘蔗种茎发生腐烂，组织变红色、棕色、灰色和黑褐色，散发出菠萝香味，在蔗段内的髓腔中产生密集交织的深灰色绒毛状菌丝体，种茎的切口两端先发红后变黑色，长出小丛的约 4~5mm 长的黑色刺毛状（似眼睫毛状）的子实体（病菌具长颈的子囊壳）和大量煤黑色的霉状物（病菌的分生孢子），有时病菌突破蔗皮后也能在蔗茎表皮形成小丛的黑色刺毛状子实体和大量黑色霉层。蔗茎上的蔗芽发萌发前呈水渍状坏死。

病菌生长的生长温度为 13~34℃，最适温度为 28℃，pH 为 5.5~6.3。土壤湿度及温度对下种的蔗茎受凤梨病的为害程度影响极显著。温度过低、土壤过湿或干旱，种茎萌芽缓慢，受病菌侵染时间长，有利于凤梨病的发生，偏酸的蔗田发病严重。

5. 防治技术

对采种的甘蔗种茎进行消毒；选育抗病和栽培萌芽力强的甘蔗品种；对易发病的蔗田，及时增施磷、钾肥可有效减轻病情。

二、甘蔗赤腐病

1. 名　称

赤腐病，Rod rot，Colletotrichum falcatumWent.

2. 形态识别

该病菌在燕麦培养基上生长迅速，产生淡色绵花状菌落或紧密的深灰色天鹅绒状菌落。分生孢子盘黑色，其上着生黑色长而硬的刚毛和无色短棒形分生孢子梗；分生孢子无色透明，单胞，镰刀形，一端圆，另一端略尖，含一至二个油滴，大小为（16~47）μm×（4~8）μm。子囊壳产生于发病已枯死或将枯死的叶、中肋和叶鞘上，也发现于矶子草（*Leptochloa filiformis*）和一种芒（*Miscanthus*）上，子囊壳瓶形，具短颈，深褐色，大小为（100~262）μm×（86~252）μm；子囊棍棒形，大小为（72~89）μm×（14~18）μm。子囊孢子无色，单胞，直，略成纺锤形，大小为（18~20）μm×（7~8）μm。厚垣孢子圆形或近圆形，深褐色，具纵横分隔。详见图 28-3。

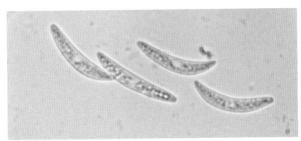

图 28-3　镰形刺盘孢 *Colletotrichum falcatum* 的分生孢子

3. 分布与为害

所有栽培甘蔗的国家均有发生。赤腐病主要为害甘蔗的种苗、蔗茎和叶片中肋，造成蔗茎含糖量下降和种苗萌芽减少。详见图 28-4。

图 28-4　甘蔗赤腐病田间蔗株发病症状

4. 生物学及发生规律

无性阶段为半知菌类、腔孢纲、黑盘孢目、刺盘孢属的镰形刺盘孢 Colletotrichum falcatum Went。有性阶段为子囊菌门、核菌纲、小丛壳属的图库曼小丛壳 Glomerella tucumanensis（Speq.）Arx & E. Müller = Physalospora tucumanesis Spec.。

发病初期，受侵染的甘蔗叶片中肋上呈现几个发红的小斑点，小斑点沿中肋扩展成与叶脉平行的红色至红褐色条斑，条斑宽 0.4~0.5cm，长约 2~8cm，最长可贯穿全叶，条斑外围具明显的浅色晕圈；后期条斑中央组织变草黄色至灰白色，周围深红色，潮湿条件下病斑上散生褐色小点（病菌的分生孢子盘）。叶鞘受害呈现浅红色病斑，蔗茎受害后组织变红色或暗红色，出现纵向空洞，后期发病组织变泥色，萎缩，蔗叶干枯，甚至整株死亡。在发病已枯死或将枯死的叶、中肋和叶鞘上产生大量的小黑点（病菌的子囊壳）。

在雨水多的季节甘蔗赤腐病容易发生，螟害重的蔗田赤腐病也发病严重；国外的高贵蔗（Saccharum officinarum）高度感病、印度蔗和中国蔗中大多感病，割手蜜（S. spontaneum）中部分品种抗病。

5. 防治技术

砍蔗后烧毁蔗田中残留病蔗叶；选育和栽培抗病品种；发病初期及时剥除有病蔗叶可减轻病情；适时防治螟虫等害虫，对甘蔗进行合理的水肥管理，对易发病的蔗田在雨季及时开沟排水。

三、甘蔗轮斑病

1. 名　称

轮斑病，Ring spot，Leptosphaeria sacchari Breda.

2. 形态识别

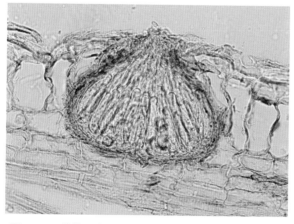

图 28-5　甘蔗小球腔菌 *Leptosphaeria sacchari* 的子囊果

分生孢子器扁球形，黑色，直径 62~130μm。分生孢子长椭圆形，无色透明，单胞，大小为（9~13）μm×（3~4）μm。子囊壳圆形或半球形，褐色，具乳头状短颈，大小为（135~150）μm×（142~170）μm；子囊圆筒形，基部略小，大小为（56~85）μm×（11~15）μm，内含双行排列的 8 个子囊孢子；子囊孢子长椭圆形，无色，大小为（20~23）μm×（5~6）μm，多胞，具 3 个隔膜，分隔处缢缩。详见图28-5。

3. 分布与为害

在所有植蔗国家均有分布，主要为害甘蔗的叶片，也能侵染叶鞘或蔗茎。详见图28-6。

4. 生物学及发生规律

无性阶段为半知菌类、腔孢纲、球壳孢目、叶点霉属的高粱叶点霉 *Phyllosticta sorghina* Sacc.。有性阶段为子囊菌门、腔菌纲、小球腔菌属的甘蔗小球腔菌 *Leptosphaeria sacchari* Breda de Haan.。

发病初期，受侵染的下部蔗叶褐色斑点，斑点周围具一狭窄的黄晕圈，斑

图28-6 甘蔗轮斑病病叶

点扩展后成椭圆形草黄色病斑，边缘红褐色至深褐色，有时不整齐，后期在老病中央散生小黑点（病菌的子囊果和分生孢子器）。

温暖潮湿的季节有利轮斑病的发生。病菌生长的适宜温度为28℃。

5. 防治技术

砍蔗后烧毁蔗田中残留的病蔗叶；选育和栽培抗病品种；发病初期剥除病叶烧毁。

四、甘蔗烟煤病

1. 名 称

煤烟病，Sooty mold，由多种腐生真菌引起，有链格孢菌（*Alternaria* sp.）、芽枝霉（*Cladosporium* sp.）、散播烟霉（*Fumago vagans* Pers）、煤炱菌（*Capnodium* sp.）等多种真菌。

链格孢菌（*Alternaria* sp.）半知菌类、丝孢纲、丝孢目、链格孢属。分生孢子褐色，砖隔状，大小为（22~48.75）μm×（8.75~15）μm；喙大小为（15~28.75）μm×2.5~4.25μm。

芽枝霉（*Cladosporium* sp.）半知菌类、丝孢纲、丝孢目、芽枝霉属。分生孢子单胞、双胞和多胞，均无色透明，单胞型孢子为卵圆形，大小为（6.25~10.5）μm×（2.5~5.3）μm，双胞型孢子卵圆形或椭圆形，大小为（8.75~17.5）μm×（2.5~5）μm。详见图28-7。

2. 分布与为害

大多数栽培甘蔗的国家均有此病的发生。引起甘蔗煤烟病的真菌为多种腐生真菌，主要以绵蚜、粉蚧、飞虱等甘蔗害虫的分泌物和蔗叶分泌为营养生活，在蔗叶表面长有大量黑色煤烟状物，造成蔗叶光合作用下降，阻碍生长。详见图28-8。

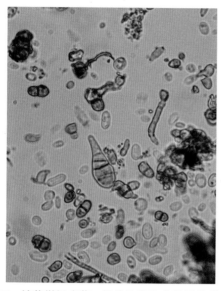 

图28-7　甘蔗煤烟病菌：链格孢菌和芽枝霉的分生孢子　图28-8　甘蔗煤烟病：田间蔗株发病症状

3. 生物学及发生规律

为多种腐生真菌，有煤炱菌 Capnodium sp.、具刺盾炱 Chaetothyrium spinigerum（V.H.ohn）Yamamoto、散播烟霉 Fumago vagans Pers、梗束卡尔黑霉 Caldarwmyces fasciculatus Yamamoto 等。

发病甘蔗叶表面覆盖一层黑色煤烟状霉层（病菌的菌丝体、分生孢子梗和分生孢子），多与绵蚜、粉蚧、飞虱等甘蔗刺吸式口器害虫相伴生。

病菌主要以绵蚜、粉蚧、飞虱等甘蔗害虫的分泌物和蔗叶分泌为营养生活。干旱天气有利于甘蔗害虫的发生，甘蔗煤烟病发病多。

4. 防治技术

结合甘蔗害虫的防治即可防治此病；对甘蔗进行合理的水肥管理，增强其抗病性。

五、甘蔗虎斑病

1. 名　称

虎斑病，Banded sclerotial disease，Pellicularia sasakii（Shirai）Ito.。

2. 形态识别

病菌菌丝成直角分枝，分枝基部缢缩。菌核直径为 2~5mm 大小的颗粒状，近圆形或不规则形，表面凸起，底部平，初期为灰白色，后变灰褐色至黑褐色，表面密布小孔。详见图 28-9。

3. 分布与为害

全世界甘蔗产区均有此病的分布。虎斑病主要为害甘蔗下层的叶片和叶鞘（图 28-10），在多雨季节易发生，造成下层蔗叶枯死，个别重病株死亡，但尚未发现造成大面积为害。

4. 生物学及发生规律

无性阶段为半知菌类、丝孢纲、无孢目、丝

图 28-9 甘蔗虎斑病深褐色菌核

核菌属的立枯丝核菌 Rhizoctonia solani Kühn 有性阶段为担子菌门、层菌纲、非褶菌目、薄膜革菌属的 木簿膜革菌 Pellicularia sasakii（Shirai）Ito.。

图 28-10 甘蔗虎斑病：甘蔗叶片上的不规则形水渍状褐色斑（左）和蔗叶上的灰白色斑（右）

发病初期，受侵染的下层老叶上呈现褪绿的不规则形水渍状病斑，继而扩展成灰绿色或灰褐色波纹状相连的大病斑，后期病斑中央变草黄色或黄色，边缘红棕色，病组织上长有白色、变灰褐色或黑褐色的颗粒状菌核。有时叶鞘也能被侵染，呈现与叶片相同的症状。叶片上大量病斑汇合后造成叶片迅速干枯，蔗株生长受阻，发病严重时导致蔗梢腐烂，甚至整株枯死。

高湿天气有利虎斑病的发生，在海南，7 月、8 月、9 月台风雨季节易发病，蔗田密闭，通风不良的甘蔗易受侵染。

5. 防治技术

砍蔗后烧毁蔗田中残留病病蔗叶；选育和栽培抗病品种；对易发病的蔗田，在雨季到来前砍除蔗田边杂草，剥除下层枯叶；发病初期清除病叶集中烧毁。

六、甘蔗黄斑病

1. 名　称

黄斑病，Yellow spot disease，Cercospora koepkei Kruger.。

2. 形态识别

无性阶段为半知菌类、丝孢纲、丝孢目、菌绒孢属的散梗菌绒孢 *Mycorellosiella koepkei*（Kruger）Deighton = *Cercospora koepkei Kruger*。分生孢子梗可生于叶片上下表面的病斑上，通常 3~10 梗丛生，浅灰色或淡褐色，顶端曲膝状，大小为（20~54）μm×（4.5~7.5）μm，多具 3~6 个分隔；分生孢子无色透明，多胞，纺锤形，大小为（16~47）μm×（4~8）μm，多具 3~4 个分隔（图 28-11）。

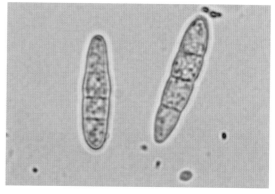

图 28-11　散梗菌绒孢（*Mycorellosiella koepkei*）的分生孢子

3. 分布与为害

所有栽培甘蔗的国家均有发生。黄斑病主要为害甘蔗的叶片（图 28-12），造成蔗叶提早枯死，产糖量下降，在感病品种上造成的经济损失可高达 20% 以上。

图 28-12　甘蔗黄斑病：田间蔗株发病症状（左）和叶片发病症状（右）

4. 生物学及发生规律

无性阶段为半知菌类、丝孢纲、丝孢目、菌绒孢属的散梗菌绒孢 Mycorellosiella koepkei（Kruger）Deighton = Cercospora koepkei Kruger.。

发病初期，受侵染的甘蔗叶片上呈现黄色小斑点，继而小斑点扩展成直径 1 厘米左右的不规则形黄斑或锈色黄斑，蔗叶下表面病斑处变红；病斑两面生有暗灰色霉层（病菌的分生孢子梗和分生孢子），蔗叶下表面尤其明显。大量病斑汇合后造成蔗叶提早枯死。

潮湿天气有利于黄斑病的发生，在雨水多的季节甘蔗黄斑病发病严重。病菌菌丝体生长和孢子萌发的最适温度为 28℃。

5. 防治技术

砍蔗后烧毁蔗田中残留病蔗叶；选育和栽培抗病品种；降低蔗田湿度，对甘蔗进行合理的水肥管理，有条件的地方适时剥除枯死蔗叶，对易发病的蔗田在雨季及时开沟排水；化学防治，病害发生严重的蔗区，必要时在雨季来临前用硫磺粉喷粉或用 1% 的醋酸铜加 2% 的波尔多液（硫酸铜 2 份、生石灰 1 份、糖 1 份、水 100 份）喷雾防治。

七、甘蔗褐条病

1. 名　称

褐条病，Brown stripe，Helminthosporium stenospilum Drechs.。

2. 形态识别

分生孢子常见于老熟枯干的蔗叶病斑上，深橄榄色，大小为（56~130.2）μm×（11.2~17.6）μm，具 5~9 个假分隔，壁较厚，脐点平截。有性阶段产生于培养基上，子囊壳瓶形，具短颈，深褐色，大小为（264~460）μm×（238~446）μm；子囊纺锤形至圆筒形，直或微弯，大小为（126~196.2）μm×（18~33）μm。子囊孢子螺旋状排列于子囊内，无色，线形，大小为（150~280）μm×（6~8）μm，多具 6~9 个分隔（图 28-13）。

图 28-13　狭斑平脐蠕孢（Helminthosporium stenospilum Drechs.）的分生孢子

3. 分布与为害

所有栽培甘蔗的国家均有发生。多发生在甘蔗叶部（图 28-14），影响叶片光合作用。

图 28-14　甘蔗褐条病：甘蔗生长中期蔗株发病症状（左）和蔗叶上的褐色条斑（右）

4.生物学及发生规律

无性阶段为半知菌类、丝孢纲、丝孢目平脐蠕孢属的狭斑平脐蠕孢菌 Bipolaris stenospila（Drechs.）Shoemaker = Helminthosporium stenospilum Drechs.，有性阶段为子囊菌门、腔菌纲旋孢腔菌属的狭斑旋孢腔菌 Cochliobolus stenospilus（Drechs.）Matsumoto & W. Yamamoto。

发病初期，受侵染的嫩叶上呈现水渍状小点，继而发展成与叶脉平行的细长红色至红褐色条纹，条纹宽 0.2~0.4cm，长约 0.2~1cm，最长可达 7cm 以上，条纹两端平截，外围具明显的浅黄色晕圈，数个病斑汇合后造成叶片提早干枯，发病严重时甚至能造成蔗梢腐烂。

土壤瘦瘠的蔗田发病严重，在雨水多的季节在缺肥的的蔗地此病容易发生。

5.防治技术

砍蔗后烧毁蔗田中残留病病蔗叶；选育和栽培抗病品种；对易发病的蔗田，及时增施磷、钾肥可有效减轻病情。

八、甘蔗梢腐病

1.名　称

梢腐病，Pokkah boeng，Fusarium moniliforme J. Sheldon.。

2.形态识别

分生孢子生于腐烂的蔗茎组织上，小型分生孢子常在分生孢子梗顶端串生，椭圆形，单胞或双胞，无色，大小为（2~5）μm×（1.5~2.5）μm；大型分生孢子多具 3 分隔，无色透明，镰刀形，大小为（16~47）μm×（4~8）μm（图 28-15）。

3. 分布与为害

所有栽培甘蔗的国家均有发生。主要为害甘蔗梢部，造成蔗梢畸形或扭曲，严重导致植株死亡（图 28-16）。

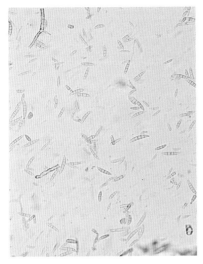

图 28-15　串珠镰孢 *Fusarium moniliforme* 的分生孢子

图 28-16　甘蔗梢腐病症状：中度发病的蔗梢

4. 生物学及发生规律

无性阶段为半知菌类、丝孢纲、瘤座孢目、镰孢属的串珠镰孢 Fusarium moniliforme J. Sheldon。有性阶段为子囊菌门、核菌纲、球壳目、赤霉属的藤仓赤霉 Gibberella fujikuroi（Sawada）Ito in Ito & K. Kimura.。

发病初期，受侵染的甘蔗梢部嫩叶叶基开始失绿，继而变窄，呈现淡红色条纹，蔗叶皱缩扭曲，叶缘和叶尖组织变暗褐色或黑色，蔗茎扭歪，外部及内部常呈现皱缩的梯状病变。受侵的蔗茎维管束组织变褐色，发病严重的蔗茎顶端组织变褐腐烂。

干旱天气之后遇连续降雨甘蔗梢腐病发病严重。蔗龄在 3~7 个月且生长旺盛的蔗株易受侵染。施用氮肥过多导致蔗叶柔嫩，或干旱天气之后大量灌水的蔗地易发生梢腐病。

5. 防治技术

选育和栽培抗病品种；砍蔗后烧毁蔗田中残留病残组织；降低蔗田湿度，对甘蔗进行合理的水肥管理；病害发生严重的蔗区，必要时在雨季来临前用化学药物进行喷雾防治。

九、甘蔗黑穗病

1. 名　称

黑穗病，Smut，Ustilago scitaminea Syd. & P. Syd.。

2. 形态识别

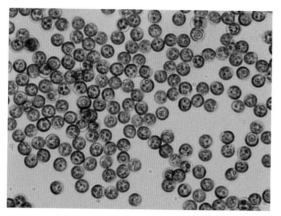

病菌在PDA、理查琼脂培养基上生长良好，形成灰褐色黏性菌落，在培养基中冬孢子可产生大量的次生孢子。冬孢子球形，单胞，褐色，直径为5.5~8.5μm。冬孢子萌发后可产生先菌丝，先菌丝可直接产生分枝菌丝侵染甘蔗，也可分化形成有横隔的无色担子，在担子的侧面产生无色透明、单胞、椭圆形，顶端渐尖的担孢子，平均大小为6×6μm，营养良好的条件下担孢子可芽殖产生次生孢子（图28-17）。

图28-17 甘蔗黑粉菌 *Ustilago scitaminea* 的冬孢子

3. 分布与为害

所有栽培甘蔗的国家均有发生。鞭黑穗病主要为害蔗茎，造成蔗株矮小，分蘖大量增加，蔗茎纤细，丧失生产价值，对感病品种的新植蔗造成约15%~42%的产量损失，宿根蔗产量损则可达60%以上（图28-18）。

图28-18 甘蔗黑穗病：田间蔗株发病症状（左）和蔗梢顶端抽出的黑鞭（右）

4. 生物学及发生规律

为担子菌门、冬孢纲、黑粉菌目、黑粉菌属的甘蔗鞭黑粉菌 Ustilago scitaminea Syd. & P. Syd.。

甘蔗生长前期受侵染，仅受害的蔗株生长速度减慢，蔗茎变细，在正常蔗株开花前自顶端提早抽出一条粗 0.5~1cm、长 0.5~1.5m 的黑色长鞭状结构（受侵染后变形的花序），长鞭的中心灰白色，为受侵染的长有菌丝的甘蔗薄壁组织和维管束组织，外层为一层黑色粉状物（病菌的冬孢子）；已染病的蔗种或宿根蔗萌芽后抽出的蔗株茎干更细，分蘖大量增加，蔗株矮小，10~30 条蔗株丛生，形似杂草，呈现"草苗病"症状，后期自各蔗株的顶端抽出众多粗 0.5~0.7cm、长 0.3~0.7m 的黑色长鞭，部分未能顺利抽出的黑鞭在顶梢处扭曲变粗，导致梢部畸形肿大。甘蔗生长中后期才受侵染，则蔗茎粗细正常，仅表现为蔗茎上染病的侧芽长出细弱的侧枝，后期也会抽细小的黑鞭。少数甘蔗品种的幼叶受侵染后在蔗叶表上形成略隆起的小瘤，瘤表具银白色薄膜，薄膜破裂后露出成团的黑粉状孢子。

病菌生长的生长温度为 13~34℃，最适温度为 28℃，pH 为 5.5~6.3。蔗茎带菌或带病率高，种植后蔗田发病率高，宿根蔗比新植蔗发病率高。

5. 防治技术

定期巡田，在病株刚开始抽出黑鞭时整丛拔除，装入塑料袋内，注意防此病菌孢子飞散，带出蔗田深埋或烧毁；选种健康蔗种，种植组培甘蔗苗，或选用蔗株近梢端被叶鞘包裹的蔗茎做种苗；在条件允许的情况下，每年都采用新植不留宿根的甘蔗栽培方式植蔗；下种前对甘蔗种茎进行消毒。对可能带有病菌的蔗种，用 1% 的甲醛浸种 5min，捞出后包裹于湿布或湿麻袋中 2 小时后再下种。也可选用波尔多液、代森锌、氧化亚铜等药液浸种可获得满意的效果。已被病菌侵染而带病的蔗种，冷浸法消毒则无效，可用 52℃ 的热水或热药液浸种后种植，但要注意防止温度过高造成蔗种发芽率下降；选育种植抗病的甘蔗品种。选种高贵蔗与印度蔗杂交选育出的抗病品种；对易发病严重的蔗田，实行轮作。如与水稻、玉米等轮作等。

十、甘蔗宿根矮化病

1. 名　称

甘蔗宿根矮化病，Ratoon Stunting Disease（RSD），Leifsonia xyli subsp.xyli，Lxx。

2. 形态识别

在改良后的 SC 培养基上，28℃ 培养 3~4 周后，菌落直径约为 0.1~0.3mm，无色、圆形、边缘整齐中间隆起，呈点状。培养 5~6 周后，菌落直径可达到 0.4~0.5mm，浅乳白色。菌体多呈棍棒形，一端略大，少数呈"V"形，大小为（0.12~0.5）μm ×（0.1~10）μm，可通过 0.45μm 的细菌滤器。

3. 分布与为害

广泛发生于世界各植蔗国和地区。RSD 一般情况下不表现明显的外部症状，病害发生较隐蔽，生产上不易觉查，病原菌易大量累积，极易造成病害大面积蔓延，可造成感病的新植蔗减产 19%~37%，第一年宿根蔗减产 30%~67%。详见图 28-19。

图 28-19　甘蔗宿矮化病：节间缩短（图左）和节部的黄色点状病变（图右）

4. 生物学及发生规律

是一种寄居木质部的较难培养的细菌（Leifsonia xyli subsp.xyli, Lxx=Clavibacter xyli subsp.xyli Cxx），为原核生物界的木质部赖氏菌木质部亚种。

病害非常严重的情况下才会表现出明显的外部症状，即植株发育阻滞，变矮，宿根蔗蔗茎变细，发株少，生长不良，叶缘枯死，田间植株高矮不一；幼嫩植株染病后其生长点呈现淡粉色；一些甘蔗品种在成熟期用利刀剖开蔗茎近基部的几个节，在节部的维管束上呈现圆点状、逗点状或短条状的橙红色至深红色小点。蔗种带病发芽不整齐。

甘蔗宿矮化病所致症状易与干旱、养分不足、管理粗放等因素相关。

5. 防治技术

选种植抗病品种；种植健康种苗是防治甘蔗 RSD 的主要措施 将保留蔗壳的双芽苗用 50℃的热水处理 2h 获得健康原种，温汤处理的种苗下种前用杀菌剂处理以保护受损伤蔗细胞免受各种微生物的侵染，再通过扩繁或组织培养相生产健康种苗。也可利用甘蔗茎尖生长点分生组织直接培养脱除 RSD 病菌，脱除率可达 90% 以上；农业防治，蔗田施足基肥，及时追肥，增强甘蔗抗病力，发病严重的蔗区要减少宿根蔗的栽培年限和面积。

第二十九章
甘蔗主要害虫综合防治技术

一、二点螟

1. 名 称

二点螟，学名 *Chilo infuscatellus* Snellen。

2. 形态识别

成虫（图 29-1）体长 10~15mm；头部灰黄色，下唇须向前伸出明显；前翅中室具有 1 黑 1 白两个相连的小点，近外缘长有 1 条深灰色横线，外缘生 7 对相连的黑白小点；后翅白色、透明，翅脉清晰可见。卵黄白色，呈扁平的椭圆形，呈 3~4 行产于蔗叶背面，形成鱼鳞状排列的卵块。老熟幼虫黄白色，体长约 20mm，体表散布黑褐色毛片，每一毛片上具 1 根或 2 根刚毛；虫体两侧长有两列气孔，每节一个，多在侧线下方排成一列；背部及体侧有 5 条淡紫色纵线，其中有背线一条，亚背线、气门上线各两条；胸足 3 对，腹足 4 对。蛹呈圆筒形，浅黄色，体长 10~15mm。

图 29-1 二点螟成虫（伍苏然摄）

3. 分布与为害

二点螟的幼虫一般在蔗茎中上部的茎节中取食形成蛀道，在受害蔗茎上形成明显的蛀

图 29-2　蛀道及幼虫（伍苏然摄）

孔，蛀孔外有堆聚的虫粪，苗期受害的甘蔗梢部心叶变黄白色枯死，呈现枯心（图29-2）。

4. 生物学及发生规律

二点螟一年可发生 5 代，世代重叠，每一世代历期约 3 个多月。甘蔗收获后，幼虫在蔗头、蔗笋和田间残留的蔗茎内存活越冬，次春化蛹，羽化交尾后雌蛾将几十粒卵集中产于蔗叶上形成卵块，每头雌蛾可产 70~270 粒，甚至更多。卵孵化后，1 龄幼虫稍有群居性，幼虫会沿蔗叶爬行到叶鞘内侧或借悬丝随风飘荡到邻近蔗株上为害；3 龄以后逐渐扩散为害，主要蛀食蔗茎，造成虫蛀节，使蔗株生长减慢，品质降低，虫蛀节部位易遭风折。每株甘蔗蛀入的幼虫量以 1 头居多，每卵块孵出幼虫为害蔗茎可达 20 株以上。幼虫蛀入蔗茎后向下钻蛀取食，从蛀入孔排出虫粪。1~2 代幼虫主要为害蔗苗母茎和分蘖苗茎，其蔗茎生长点及其附近的嫩叶基部组织被蛀食后，蔗株梢部呈现枯心，对甘蔗产量影响较大；3~5 代为害较轻，仅造成一些虫蛀节，使蔗株易受风折，影响蔗糖分。

5. 防治技术

农业防治。低砍收蔗：有虫蛀的蔗茎要尽量低砍，消灭在蔗茎内蛀食越冬的幼虫；清洁蔗田：收蔗后及时清除蔗田内的枯株残茎深埋灭虫，雨水多的地区可在收蔗后放火烧田；对有蛀孔的蔗头，用铁丝插入灭虫。苗期定期检查，在枯梢变白色前手工拔除，杀死枯梢内蛀食幼虫。

物理防治。在二点螟发生严重的蔗区，利用成虫的趋光性，在田间安置太阳能黑光灯和蓝光灯诱杀成虫。

生物防治。利用雌蛾的性信息素制成片状性诱剂悬挂于蔗田内，下方设置一水盆，引诱雄蛾来交尾时坠落于水盆内将其淹死；或将雌蛾性信息素制成管状嵌插于蔗叶上，大面积使用，致使雄虫寻求配偶时迷失方位。

化学防治。在种蔗时或给宿根蔗培土时，每亩用辛硫磷颗粒剂 1.8kg 或 3% 米乐尔颗粒剂 0.35kg 撒施于蔗沟内或根侧并盖土。

二、条螟

1. 名称

条螟，学名 *Chilo sacchariphagus*（Bjojer）。

2.形态识别

成虫（图 29-3）灰黄色，体长 9~18mm；下唇须为头长的 3 倍以上；前翅翅面生众多暗褐色纵列细线，中室长有一黑色小点，翅外缘生一列黑色小点，并由一条细线串连在一起；雄蛾体较小，前翅上的纵线及黑点比雌蛾明显。卵淡黄色，扁平，数十粒成双行"人"字形排列，集中产于蔗叶表面的中脉两侧形成卵

图 29-3　条螟成虫（伍苏然摄）

块。老熟幼虫体呈黄白色，体长可达 30mm；无背中线，虫体两侧共长有 4 条粗大的淡紫色纵线，其中亚背线和气门上线各 2 条；虫体表面生有众多黑色毛片，体侧各长有一列气孔，每节一对，全部分布于侧线上；胸足 3 对，短小；腹足 4 对。蛹呈红褐色，长约 15~17mm；腹部各节长有 4 个黑斑，5~7 节前缘有 3 条隆起的弯曲带纹；尾部末端长有 2 个小突起。

3.分布与为害

条螟以幼虫为害甘蔗，初期受害的甘蔗心叶上呈现半透明白斑，后期造成甘蔗心叶枯黄，形成枯心；蛀食蔗茎中部偏上的茎节形成死尾（图 29-4）。

 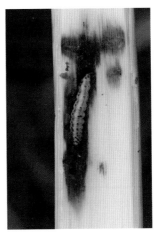

图 29-4　蔗茎上的蛀孔（左图）和蔗茎内蛀食的幼虫（右图）

4.生物学及发生规律

条螟一年发生 4 代，世代重叠。每年在干枯的叶鞘内或残茎碎叶内结茧化蛹越冬，或以幼虫在蔗茎内取食越冬，次年 3 月中旬开始羽化。蛹大多在夜间羽化为成虫，成虫有弱

趋光性，交尾后在蔗叶表面产卵，每头雌蛾产卵量多达 350 粒以上。初孵幼虫先群集为害甘蔗心叶基部组织，被害蔗叶伸展后出现半透明白斑，随虫龄增长，幼虫分散到叶鞘间蛀入蔗茎，取食甘蔗生长点造成枯心和蛀食茎组织形成虫蛀节，同一株甘蔗的一条蛀道内为害的幼虫可多达 5 头。老熟幼虫爬出蛀道在干枯叶鞘内结茧化蛹。

5. 防治技术

农业防治。收蔗后及时清除蔗田内的枯株残茎深埋灭虫，雨水多的地区可在收蔗后放火烧田；蔗株生长期定期检查，发现枯梢手工拔除或割除，杀死枯梢内蛀食的幼虫。人工摘除卵块和捕杀幼虫：在条螟产卵期定期巡田，发现卵块摘除捻碎，对刚孵化的幼虫则将其捻死。

生物防治。利用雌蛾的性信息素制成片状性诱剂悬挂于蔗田内，下方设置一水盆，引诱雄蛾来交尾时坠落于水盆内将其淹死；或将雌蛾性信息素制成管状嵌插于蔗叶上，大面积使用，致使雄虫寻求配偶时迷失方位。

化学防治。在种蔗时或给宿根蔗培土时，每亩用辛硫磷颗粒剂 1.8 kg 或 3% 米乐尔颗粒剂 0.35 kg 撒施于植穴内或根侧并盖土。

三、红尾白螟

1. 名 称

红尾白螟，学名 *Tryporyza intacta* Snellen。

2. 形态识别

成虫体长约 15 mm；翅及身体大部分呈白色，有光泽，腹部略显乳黄色，尾端具橙黄色绒毛；触角丝状。卵呈椭圆形，扁平，浅黄色至橙黄色，卵块表面表面覆盖有黄褐色绒毛。老熟幼虫乳黄色，体长可达 30 mm，虫体肥大而柔软，体表多具横皱纹，背部可见一条明显的浅蓝色心管，虫体两侧各生有一行明显的气孔；胸足 3 对，短小，无腹足。

3. 分布与为害

受害甘蔗最中间的 1 片心叶枯黄，形成枯心并被风折，蔗梢心叶边缘的叶片基部可见其先前咬食叶肉后留下的数个小孔洞（图 29-5）。检查甘蔗梢头部茎节可见幼虫取食形成的蛀孔和在蛀道内取食的黄白色幼虫（图 29-6），蛀孔下的蔗节上萌生数条侧芽。

4. 生物学及发生规律

每年发生 4~5 代，以幼虫在蔗梢部虫蛀茎中越冬，每年的 4 月、6 月、7 月、9 月、10 月均有一次为害高峰，生长缓慢的新植蔗受 3~5 代幼虫为害较重。成虫将数十粒卵集中产于蔗苗叶片内侧，每头雌蛾产卵量多达 300 粒。幼虫孵化很活跃，分散后悬丝随风扩散至心叶基部，自上而下蛀食，每株甘蔗中为害幼虫仅有 1 头；幼虫蛀食后在心叶基部形

图 29-5　蔗株心叶基部的虫洞

图 29-6　蔗茎蛀道内的幼虫及蛹

成多个圆形蛀孔，蔗梢生长点被蛀食后很快形成枯心并倒伏，蛀孔下蔗节上的侧芽迅速萌生形成扫帚蔗。

5. 防治技术

农业防治。收蔗后及时清除蔗田内的枯株残茎深埋灭虫，雨水多的地区可在收蔗后放火烧田；蔗株生长期定期检查，发现枯梢手工拔除或害除，杀死枯梢内蛀食的幼虫。

选择健康无虫的蔗茎做种。

化学防治。在种蔗时或给宿根蔗培土时，每亩用辛硫磷颗粒剂 1.8kg 或 3% 米乐尔颗粒剂 0.35kg 撒施于植穴内或根侧并盖土。

四、台湾稻螟

1. 名　称

台湾稻螟，学名 *Chilo auricilia* Dudgeon。

2. 形态识别

雄蛾体长 7.0~8.5mm，触角略呈锯齿状；翅展 19~23mm，前翅黄褐色，具暗褐色点，中央有 4 个隆起的具金属光泽的深褐色斑块，翅外缘有 7 个小黑点。后翅浅黄白色，具白色缘毛。雌蛾体长 9.5~12mm，触角丝状；翅展 25~28mm，前后翅与雄蛾相似，但雌蛾前翅斑纹色浅且粗大。卵呈白色至灰黄色，扁椭圆形，卵粒 1~3 行呈鱼鳞状排列成卵块。老熟幼虫体长 16~25mm，浅黄白色，头部黑褐色，前胸背板褐色，虫体背面长有 5 条褐色纵线。蛹长呈纺锤形，黄褐色，长 9~15mm。

3. 分布与为害

台湾稻螟分布在中国南方稻区。海南、广东、广西、福建、云南、四川等地均较常见。主要为害水稻，也为害甘蔗、玉米等作物。幼虫在叶鞘内、蔗茎内取食，形成枯心（图 29-7）。

图 29-7 蛀道及幼虫（伍苏然摄）

4. 生物学及发生规律

幼虫 5~7 龄，初孵幼虫先集中在叶鞘内取食，再蛀入蔗茎为害，形成枯心，蛀孔大，略呈方形。每年发生 4~6 个世代，且世代重叠，以幼虫越冬，成虫具趋光性，昼伏夜出，怕高温干燥，喜阴湿环境。喜欢在浓绿的蔗株上产卵，卵多产于蔗叶表面，每头雌蛾可产卵 4~6 块，每卵块约 30 粒。幼虫有群聚性，同一蛀道内同时具 3~5 头幼虫一起蛀食。

5. 防治技术

农业防治。低砍收蔗，消灭越冬幼虫。

物理防治。在成虫的羽化盛期，在田间设置黑光灯诱杀成蛾。

化学防治。田间发生严重的蔗田，在虫卵盛孵期可选用 18% 杀虫双、或 40% 乐果、或 30% 乙酰甲胺磷乳油、或 50% 晶体敌百虫按比例稀释后喷雾，或在更新植蔗时撒施辛硫磷颗粒剂或 3% 的米乐尔颗粒剂。

五、甘蔗木蠹蛾

1. 名 称

甘蔗木蠹蛾，学名 *Phragmataecia parrvipuncta* Hampson。

2. 形态识别

成虫呈红褐色，体长 18~30mm，翅展 50~68mm；头、胸鳞片脱落后呈古铜色；触角双栉状，雌蛾触角两侧的栉齿较雄蛾短；静止时腹末露出翅端，雌蛾露出部分较雄蛾长。卵椭圆形，乳白色，孵化时呈紫黑色，数十粒至上百粒集中产于叶鞘内侧形成卵块。老熟幼虫背部呈紫茄色，腹面色淡，头部、前胸背板和尾节背板呈黄褐色；虫体肥大，长可达 40mm，多具横皱纹；前胸背板上长有多个深褐色小斑点；尾节背板上生有短小刚毛；胸足 3 对，短小；腹足 4 对，较短。蛹呈黄白色至棕褐色，将羽化时变黑褐色，蛹肥大，长约 32mm 左右；头部顶端生一尖突；翅芽短，略伸过第二腹节前缘；腹末生有多个小齿突，雌蛹的第 7 腹节特别长。

3. 分布与为害

初期受害的甘蔗蔗梢叶片基部呈现多个虫洞，或叶片中脉基部被蛀食而屈折；受害后期的甘蔗心叶枯黄，呈现枯心，在梢部叶鞘下 1.5cm 处有虫粪和蛀孔，剖开虫蛀节可见蛀道内有 1 头紫茄色的肥硕幼虫（图 29-8）。成虫见图 29-9。

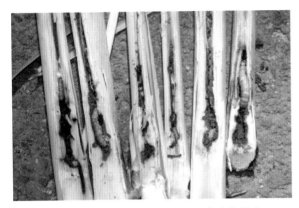

图 29-8　蔗茎内部的蛀道及蛀道内的幼虫

图 29-9　木蠹蛾成虫（伍苏然摄）

4. 生物学及发生规律

甘蔗木蠹蛾在海南 1 年发生 1 代，以老熟幼虫在被害蔗的地下蔗头部越冬，翌年 4—5 月蛹羽化为成虫。蛹多在夜间羽化，成虫交尾后产卵于叶鞘内侧呈堆状或筒状；幼虫在同一天内全部孵出，先聚集在一起不食不动，每二天吐丝分散至蔗梢心叶基部或顶端的叶鞘内侧取食为害，造成蔗梢叶片基部呈现多个虫洞，或叶片中脉基部被蛀食而屈折；甘蔗生长点被蛀食后呈现枯心，幼虫逐渐蛀食蔗茎组织并下移，冬季老熟幼虫可到达地下部的蔗头为害。幼虫历期长达 9~12 个月，蛹期 12~18 天。海南定安龙门镇火山灰土壤甘蔗地内发生最为严重。

5. 防治技术

农业防治。收蔗后及时检查，对有蛀洞的蔗头，用铁丝插入蛀洞灭虫。蔗株生长期定期检查，发现枯梢手工拔除或割除，杀死枯梢内蛀食的幼虫。人工摘除卵块和捕杀幼虫：在 4—5 月间成虫产卵期定期巡田，发现卵块摘除捻碎，对刚孵化的幼虫则将其捻死。

生物防治。利用雌蛾的性信息素制成片状性诱剂悬挂于蔗田内，下方设置一水盆，引诱雄蛾来交尾时坠落于水盆内将其淹死；糖酒醋液对雌、雄蛾均具有引诱效果。

化学防治。在种蔗时或给宿根蔗培土时，每亩用辛硫磷颗粒剂 1.8kg，或 3% 米乐尔颗粒剂 0.35kg，或 20% 的益舒宝颗粒剂 3kg，撒施于植穴内或根侧并盖土。

六、蔗根土天牛

1.名 称

蔗根土天牛，学名 *Dorysthenes granulosus*（Thomson）。

2.形态识别

成虫体长 24~65mm，雄虫明显比雌虫短小；虫体大部分呈红棕色，头部和触角基部棕黑色；前胸背板两侧长有 3 个明显的刺突，中刺最长，顶端稍向后弯曲，后刺最短；左右鞘翅的中间各有 2 条纵隆线，腹末后缘弧形。雄虫触角比虫体略长，前足比中后足粗大，腿节、胫节下侧均长有一列齿刺；雌虫触角长仅达鞘翅中部，前足比中后足略小，腿节、胫节上无齿刺，尾部有明显伸出鞘翅外的产卵管。幼虫黄白色和黄色，老熟幼虫体长可达 80mm；虫体肥大而柔软，多具横皱纹；头部棕黄色，上颚黑色、巨大；虫体两侧各长有一列明显的气孔，腹部 1~7 节背面隆起，顶端有"田"字形纹；无胸足、腹足，腹部 1~7 节隆起形成泡突状的行动器官。老熟幼虫结茧构筑蛹室在其内化蛹，蛹体淡黄白色，长 33~70mm。

3.分布与为害

苗期受害的甘蔗梢部叶片失绿变黄，中间 2~4 片顶叶枯黄，形成枯心或枯梢症，嫩茎稍用力即可从基部拔出，近根端的断茎上有约 1cm 大小的虫蛀洞，有时洞内可见被一同拔出黄白色粗大、肥硕的幼虫；生长中后期受害的甘蔗仅表现为叶片失绿发黄，下部叶片的叶缘部分枯干，生长高度略矮小，挖出地下根茎可见有粗大的虫道和虫道内肥硕的幼虫（图 29-10）。成虫见图 29-11。为害状见图 29-12。

4.生物学及发生规律

在海南跨年完成一代，冬季幼虫在土中种茎内越冬或老熟幼虫在蔗兜内或蔗兜附近的

图 29-10　蔗根土天牛雄成虫（伍苏然摄）

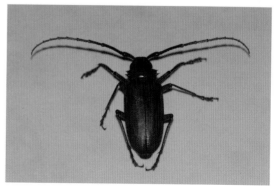

图 29-11　蔗根土天牛雌成虫（伍苏然摄）

土壤中以蔗茎纤维、植物碎屑和泥土结茧化蛹。成虫有趋光性，海南3—5月茧内的蛹开始羽化出成虫，3月下旬后在蔗田附近的路灯下可见到飞出的成虫，4月为羽化高峰期。成虫夜间交尾后将卵产于近蔗头的土表下1~3cm处，卵孵化后就近取食邻近的蔗根、嫩芽，随后蛀入种茎，沿种茎蛀食形成蛀道，蔗茎长成后转而向上蛀食新生茎组织，冬季再转入蔗兜内或蔗兜附近

图29-12　蔗根土天牛为害状（伍苏然摄）

的土壤中结茧化蛹。春夏季雨水较少的粗沙地蔗田受害较多，海南定安、邦溪、儋州部分沙地蔗田发生较重。

5. 防治技术

农业防治。更新老蔗田时，将犁出地面的幼虫和蛹检拾喂鸡或油煎做菜食用，有虫洞的老蔗兜要劈开捡杀幼虫。

物理防治。利用成虫的趋光性，在蔗田内设置太阳能诱虫灯诱杀成虫。

化学防治。在种蔗时或给宿根蔗培土时，每亩用辛硫磷颗粒剂1.8kg，或3%米乐尔颗粒剂0.35kg，或20%的益舒宝颗粒剂3kg，撒施于植穴内或根侧并盖土，有较好的防治效果。

七、长牙土天牛

1. 名　称

长牙土天牛，学名 *Dorysthenes walkeri*（Waterhouse）。

2. 形态识别

成虫（图29-13）体大型，体长超过70mm；虫体大部分呈黑棕色，发亮，头部及胸部呈黑色；头部背面中央有一纵沟；前胸背板较宽，两侧各长有3枚刺突，前两枚刺突较粗大，后一枚刺突较小；翅肩长有一呈钝齿状的的角状突，翅基部表面密生细颗粒状刻点，每一鞘翅上有3条不明显的纵隆线，鞘翅前缘微上卷。雄虫上颚长而且大，特别显眼，向后可伸至后胸

图29-13　长牙土天牛成虫（伍苏然摄）

腹板；触角长而且粗，长度超过鞘翅中部，触角第3~5节下沿及前中足胫节下沿生有小齿突。雌虫上颚较短，触角细短。

3. 分布与为害

苗期受害的甘蔗梢部叶片失绿变黄（图29-14），中间2~4片顶叶枯黄，形成枯心或枯梢症，嫩茎稍用力即可从基部拔出，近根端的断茎上有约1cm大小的虫蛀洞，有时洞内可见被一同拔出黄白色粗大、肥硕的幼虫；生长中后期受害的甘蔗仅表现为叶片失绿发黄，下部叶片的叶缘部分枯干，生长高度略矮小，挖出地下根茎可见有粗大的虫道和虫道内肥硕的幼虫。

图29-14　为害现状

4. 生物学及发生规律

生活习性类同蔗根土天牛。在海南发生较少，5月间刚下暴雨时有羽化的成虫飞出。在海南儋州有少量发生。

5. 防治技术

农业防治。更新老蔗田时，将犁出地面的幼虫和蛹检拾喂鸡或油煎做菜食用，有虫洞的老蔗兜要劈开捡杀幼虫。

物理防治。利用成虫的趋光性，在蔗田内设置太阳能诱虫灯诱杀成虫。

化学防治。在种蔗时或给宿根蔗培土时，每亩用辛硫磷颗粒剂1.8kg，或3%米乐尔颗粒剂0.35kg，或20%的益舒宝颗粒剂3kg，撒施于植穴内或根侧并盖土，有较好的防治效果。

八、蔗根象

1. 名　称

蔗根象，学名 *Episomoides albinus* Matsumura。

2. 形态识别

成虫土黄色，体长可达 9mm。头部为矩形，长宽比约 1∶1，喙短而粗，直生；触角膝状（图 29-15）。前胸背板与后翅接口处为波浪形；鞘翅完全盖住腹部，表面有多条纵带，密布刻点。

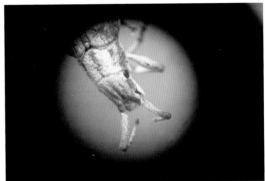

图 29-15　蔗根象形态特征（伍苏然摄）

3. 分布与为害

蔗根象主要以成虫取食蔗叶为害，受害蔗中上部叶片叶缘被食后呈现长方形齿状缺刻（图 29-16），受害蔗株生长不良。

4. 生物学及发生规律

海南干旱少雨 5 月，在儋州排浦等地的沙土蔗田发生严重，每丛蔗株有成虫 6~10 头，虫害率 100%，被害蔗叶叶缘被咬食成长方形齿状缺刻。

图 29-16　为害叶片

5. 防治技术

农业防治。在虫害发生较多的蔗田，更新植蔗时将挖出的宿根蔗头烧毁。田间发现成虫取食蔗叶时进行人工捕杀。

化学防治。虫害发生的蔗田，在种蔗时或给宿根蔗培土时，每亩用 3% 米乐尔颗粒剂 4kg，或 20% 的益舒宝颗粒剂 3kg，撒施于植穴内或根侧并盖土进行防治。

九、甘蔗绵蚜

1. 名 称

甘蔗绵蚜，学名 *Ceratovacuna lanigera* Zehntner。

2. 形态识别

成虫分有翅型和无翅型两种类型。有翅成虫体色呈黑色至黑褐色，头部深绿色，体长约 2.5mm，体表无蜡粉；触角 5 节，第 3~5 节触角上有 30 多个环状感觉器；翅透明，前翅中脉末端分成二叉；腹管退化。无翅成虫体表长有白色蜡粉，去除蜡粉后可见虫体呈黄褐色，触角 5 节，无环状感受器；无腹管。若虫体色呈淡黄绿色或浅绿色，椭圆形；触角 4 节；初期被有蜡粉少而薄，后期则较为浓密；夏季若虫蜡粉较短，冬季若虫蜡粉呈束丝状；分为有翅芽若虫和无翅芽若虫两型。

3. 分布与为害

甘蔗绵蚜常聚集于蔗叶中脉两侧刺吸取食为害。发生严重时在蔗叶背面中肋两侧形成与蔗叶近等宽，长约数十厘米的带状白色虫体蜡粉层（图 29-17、图 29-18），受害蔗叶由点到面提早枯黄萎缩，蔗糖损失可达 40% 以上；同时在蔗叶或蔗茎表面可见诱发的黑色煤烟状物。在绵蚜种群周围可看到与其共生的蚂蚁或正在取食绵蚜的瓢虫。

图 29-17　冬季若虫被较多蜡粉　　　　图 29-18　夏季若虫被较少蜡粉

4. 生物学及发生规律

绵蚜通常在甘蔗中下层叶片背面的中肋两侧取食，孤雌胎生繁殖，若虫经 4 次蜕皮后变为有翅或无翅成虫。1 年可发生 20 代，世代重叠；夏季气温高，完成一代只需 12~15 天，冬季气温低，完成一代需 33~61 天。无翅成虫可爬行扩散传播，有翅成虫则迁飞传播，大芒草是其越冬的寄主之一。海南 7—10 月发生严重。

5. 防治技术

农业防治。冬季砍除蔗田附近的大芒草并烧毁，减少在其上越冬的绵蚜数量。

生物防治 保护草蛉、食蚜蝇、瓢虫等天敌昆虫，降低虫口密度。

化学防治。新植蔗种植时或宿根蔗培土时，每亩用 3% 米乐尔颗粒剂 0.35kg 撒施于蔗沟内或根侧并盖土。生长期发生绵蚜严重的蔗田，可选用 5% 吡虫啉乳油 1 500~2 000 倍液、40% 的乐果或 80% 的敌敌畏乳油 800~1 000 倍液、50% 辟蚜雾水剂 1 000 倍液、50% 抗蚜威粉剂 2 000 倍液喷雾。

十、甘蔗蓟马

1. 名　称

甘蔗蓟马，学名 *Fulmekiola serratus*（Kobus）。

2. 形态识别

成虫暗褐色至黑褐色，体长 1.2~1.4mm，翅透明、狭长，翅缘生有长缨毛；复眼突出，前端附近长有 1 对长刚毛；触角 7 节，第 2 节大，第六节最长；前胸背面近长方形。卵白色，长椭圆形，微弯曲，长 0.35mm。若虫（图 29-19）黄白色，3~4 龄时长出翅芽，与成虫（图 29-20）相似。

图 29-19　蔗叶上的黄白色若虫

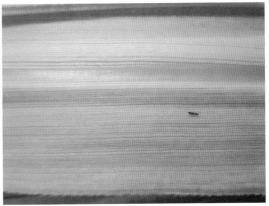

图 29-20　蔗叶上的成虫

3. 分布与为害

甘蔗蓟马主要为害甘蔗苗期和拔节伸长期未展开的心叶，以锉吸式口器锉破甘蔗嫩叶表皮组织，吸吮汁液，心叶基部被害部位褪绿变黄色或淡黄白色，蔗叶内的叶绿素被破坏，光合作用下降，后期被害心叶基部组织呈现黄褐色或紫红色斑块；为害严重时，蔗叶叶尖卷缩干枯，有时顶端几片叶的叶尖卷曲粘连，不能展开，植株黄矮，受害株率可达100%，影响甘蔗生长及产量（图29-21）。

图 29-21　甘蔗蓟马为害状（伍苏然摄）

4. 生物学及发生规律

甘蔗蓟马在我国甘蔗产区均有发生，年发生10多代，10多天即可完成1代，每年春暖后开始出现，5—7月进入盛发期，世代重叠，立秋后虫口锐减。成虫、若虫喜欢背光环境，常躲藏于尚未展开的甘蔗心叶基部叶片内侧取食和栖息，成虫常随气流传播，将卵产于心叶组织内。甘蔗蓟马一般在干旱季节发生快，雨季则受抑制。华南56-12、粤糖57-413、福农60、新台糖2号受害重；缺水、缺肥，或蔗田低洼积水的蔗田，蔗株生长缓慢，蓟马发生严重；在甘蔗苗期，遇高温天气，生长慢的蔗种比生长快的蔗种受害严重。

5. 防治技术

农业防治。深耕施足基肥，在甘蔗苗期和拔节伸长期增施速效肥，加强田间管理，适期灌溉，雨季及时排除蔗田积水，促进甘蔗生长壮旺，心叶展开迅速，减少蓟马的为害。蓟马常发的蔗区，选种苗期生长快的蔗种。

化学防治。发生严重的蔗田，选用40%乐果乳剂1 000倍液、或40%敌敌畏1 200倍液、或杀螟松1 000倍液、或3%啶虫咪乳油2 000~2 500倍液、10%烯啶虫胺800~1 000倍液等药剂喷洒甘蔗心叶基部防治。如遇干旱，要连续防治3~4次。

十一、斑角蔗蝗

1. 名　称

斑角蔗蝗，学名 *Hieroglyphus annulicornis*（Shiraki）。

2. 形态识别

成虫（图 29-22）全体黄绿色或淡青蓝色，有光泽，体长 33~65mm，雌大雄小；前翅长 24~40mm，长度超过后足腿节顶端；复眼卵圆形，红褐色；触角丝状，达到后足基部；前胸背板发达，呈马鞍形，向后延伸覆盖中胸，中隆线明显，有 3 条明显的槽沟；前足和中足腿节为黄色，胫节为绿色，后足腿节为黄色，胫节为青蓝色；雄虫肛上板三角形，顶端长尖，

图 29-22　成虫

中央有纵沟；雌虫下生殖板有平行纵隆基，后缘中央呈三角形突出。

3. 分布与为害

斑角蔗蝗取食甘蔗叶片，造成甘蔗叶缘形成缺刻，受害严重的甘蔗叶片仅剩下中脉。

4. 生物学及发生规律

每年发生 1 代，在蔗田、荒地土中产卵结成卵块越冬。4—5 月孵化出蝗蝻取食蔗叶，7—8 月羽化为成虫大量取食蔗叶成缺刻，严重受害的蔗株叶片顶端仅存中肋。10—12 月成虫产卵越冬。海南儋州大成、马井、排浦、木棠、王五等地蔗田发生严重。

5. 防治技术

农业防治。有条件的地区，可在蔗田内放鸡啄食蝗蝻灭虫。

化学防治。在天气干旱少雨季节，蝗蝻大量孵出时，选用下列药剂进行喷雾防治：80% 敌敌畏乳油 1 000 倍液、或 10 的高效灭百可乳油 2 000~4 000 倍、或 2.5% 的敌杀死乳油 2 000~4 000 倍等。

第三十章
椰心叶甲生物防治技术

一、名 称

椰心叶甲 [*Brontispa longissima*（Gestro）] 属于鞘翅目铁甲科。它有多个异名，分别为 *Brontispa castanes* Lea、*B.froggatti* Sharp、*B. javana* Weise、*B. reicherti* Uhmann、*B. selebensis* Gestro、*B. simmondsi* Maulik、*B.longissima* var. javana Weise、*B. longissima* var. selebensis Gestro、*Oxycephala longipennis* Gestro、*O.longissima* Gestro。其英文名：Coconut leaf beetle；Coconut hispid；Coconut leaf hispid；Coconut hispine beetle；Palm leaf beetle；Palm heart leafminer；New hebrides coconut hispid；Coconut leaf bud hispa；Brontispa；Coconut hispid beetle。中文译名为红胸叶虫、椰子扁金花虫、椰棕扁叶甲、椰子刚毛叶甲。

二、形态特征

1. 成虫形态特征

体扁平狭长，具光泽。体长 8.9mm（8.1~10mm），宽 1.9~2.1mm。头部红黑色，前胸背板黄褐色；鞘翅黑色，有时基部 1/4 红褐色，后部黑色。

头顶背面平伸出近方形板块，两侧略平行，宽稍大于长。中纵沟两侧具粗刻点和皱纹，前方具锥形角间突，长稍超过触角柄节的 1/2，基部略宽，向端渐尖，不平截；触角粗线状，1~6 节红黑色，7~11 节黑色。

前胸背板略呈方形，长宽相当。前缘向前稍突出，两侧缘中部略内凹，后缘平直。前侧角圆，向外扩展，后侧角具一小齿。刻点不规则，中前部刻点大，两侧较小且与鞘翅刻点大小相当，中后部、前缘中部及前侧角斜向内具无刻点区。

小盾片略呈三角形，侧圆，下尖。鞘翅基部平，不前弓。翅两侧基部平行，后渐宽，中后部最宽，往端部收窄，末端稍平截。有小盾片行，具 2~4 个浅刻点。鞘翅中前部具 8 列刻点，中后部 10 列，刻点整齐。刻点相对较疏，大多数刻点小于横间距。行距宽度大于刻点纵间距。翅面平坦，两侧和末梢行距隆起，端部偶数行距呈弱脊，尤 2、4 行距为甚，且第二行距达边缘。鞘翅有时全为红黄色（印度尼西亚的爪哇），有时后面部分（比例变化较大）甚至整个全为蓝黑色（所罗门群岛、印度尼西亚的 Irian Jaya），鞘翅的颜色因分布地不同而有所不同。

足粗短。第 1~3 跗节扁平，向两侧膨大，尤以第 3 跗节显著，几乎包住第 4 跗节，第 4 跗节端部稍突出于 3 跗节。2 爪约为第四跗节的 1/2，不伸出第 3 跗节之外。胫节端部均有小齿。腹面几近光滑，刻点细小。

2.卵

椰心叶甲卵长筒形或椭圆形，褐色，两端宽圆，长 1.5mm，宽 1.0mm。卵壳表面有蜂窝状突起。成虫通常将卵产于心叶虫道内，1~3 个呈一纵列或两列粘着于叶面，少数超过 4 个，偶见 7 个。周围有取食的残渣和排泄物。刚产下的卵黄色半透明，后颜色逐渐加深变成棕褐色。

3.幼 虫

孵化时幼虫从卵的端部或近端部裂缝内钻出，初孵及刚蜕皮时体色为乳白色，慢慢体色变为黄白色。幼虫分 5~7 龄期，常见 5 龄，白色至乳白色。各龄幼虫可根据头壳宽、体长明显区分开。如一龄幼虫体长 1.7mm，头宽 0.5mm，头部相对较大，体表的刺较老龄的明显，胸部每节两侧各有 1 根毛，腹部侧突上有 2 根毛，尾突的内角有 1 个大而弯的刺，背腹缘上有 5~6 根刚毛。二龄幼虫体长增加到 2.7mm，头宽 0.6mm，明显大于 1 龄，腹部侧突比 1 龄幼虫的要长，每个侧突上有 4 根毛，分布在端部的不同点，刚毛比成熟幼虫的要长。前胸有 8 根毛，两边各 4 根；中后胸共 6 根毛，每边 3 根，2 前 1 后。尾突内角上的刺和一龄幼虫的一样不太明显。发育到五龄老熟幼虫时，体淡黄色，体长可达到 7.7mm，头宽到 1.3mm，体扁平，两侧缘近平行。前胸和各腹节两侧各有一对侧突，腹 9 节，因 8、9 节合并，在末端形成一对内弯的尾突，实际可见 8 节。尾突基部有一对气门开口，末节腹面的肛门有肛门褶。头部触角 2 节，单眼 5 个，排成二行，前 3 后 2，位于触角后，上颚具 2 齿。

幼虫的龄期可从尾突的长短来分别：一龄平均为 0.13mm，二龄 0.20mm，三龄 0.29mm，四龄 0.37mm，五龄 0.45mm。

幼虫与其近缘种的主要区别为：腹侧突几乎相等，腹第八节侧突长小于尾突宽，两尾突外侧在基部大部分近乎平行，凹缘达到尾突气门至端部的一半，尾突凹长宽相差无几，中间处最宽，尾突逐渐尖细并内弯，腹第八侧突比前面的短。

4.蛹

蛹与幼虫形态近似，但个体稍粗，浅黄至深黄色，长约 10.0mm，宽约 2.5 mm，头部具 1 个突起，腹部第 2~7 节背面具 8 个小刺突，分别排成两横列，第八腹节刺突仅有 2 个，靠近基缘。腹末具 1 对钳状尾突，基部气门开口消失。刚化蛹时，椰心叶甲形态见图 30-1。蛹体表面光亮，呈半透明状态。以后蛹体表颜色变深变暗，翅芽变黑。

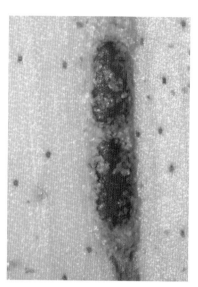

图 30-1 椰心叶甲形态

（从左到右依次为：成虫、蛹、五龄幼虫、四龄幼虫、三龄幼虫、二龄幼虫、一龄幼虫、卵；吕宝乾拍摄）

三、分布与为害

1. 分　布

椰心叶甲原发生于印度尼西亚、巴布亚新几内亚，后分布区逐渐扩大。现分布区为中国、越南、印度尼西亚、澳大利亚、巴布亚新几内亚、所罗门群岛、新喀里多尼亚、萨摩亚群岛、法属波利尼西亚、新赫布里底群岛、俾斯麦群岛、社会群岛、塔西提岛、关岛、马来西亚、斐济群岛、瓦努阿图、瑙鲁、新加坡、法属瓦利斯和富图纳群岛、马尔代夫、老挝、柬埔寨、菲律宾、泰国。曾有报道的地区是马达加斯加、毛里求斯、塞舌尔、韩国。

2. 寄主范围

椰心叶甲是棕榈科植物上的重要害虫之一，主要随植株远距离传播。其寄主有椰子（*Cocos nucifera*）、槟榔（*Areca catectu* L.）、假槟榔（亚历山大椰子 *Archontophoenix alexandrae*）、山葵（克利巴椰子、皇后葵 *Arecastrum romanzoffianum*）、省藤（*Calamus ritang*）、鱼尾葵（*Caryota ochlandra*）、散尾葵（黄椰子 *Chrysalidocarpus lutescens*）、西谷椰子（*Metroxylon sagu*）、大王椰子（雪棕、王棕 *Roystonea regia*）、棕榈（*Trachycarpus fortunei*）、华盛顿椰子（大丝葵 *Washingtonia robusta*）、卡喷特木（*Carpentaria acuminata*）、油椰（*Elaeis guineensis*）、蒲葵（*Livistona chinensis*）、短穗鱼尾葵（丛立孔雀椰子 *Caryota mitis*）、软叶刺葵（*Phoenix roebelenii*）、象牙椰子（*Phytelephas macrocarpa*）、酒瓶椰子（*Hyophorbe lagenicaulis*）、公主棕（*Dictyosperma album*）、红槟榔（*Cyrtastachys* renda）、*Bentinckia nicobarica*、青棕（*Ptychosperma macarthuri*）、海桃椰子（*Ptychosperma elegans*）、老人葵（*Washingtonia filifera*）、海枣（*Phoenix dactylifera*）、*Laccospadix australasica*、*Thrinax parviflora*、斐济桐（*Pritchardia pacifica*）、短蒲葵（*Livistona muelleri*）、*Gulubia costata*、红棕榈（*Latania lontaroides*）、刺葵（糠椰 *Phoenix loureirii*）、岩海枣（*Phoenix rupicoda*）、孔雀椰子（*Caryota urens*）、日本葵等棕榈科植物，其中椰子为最主要的寄主植物。

3. 传播与为害

椰心叶甲仅为害棕榈科植物最幼嫩的心叶部分，幼虫、成虫均在未展开的心叶内取食表皮薄壁组织，一般沿叶脉平行取食，形成狭长的与叶脉平行的褐色坏死线，为害严重时叶子枯干。一旦寄主心叶抽出，害虫也随即离去，寻找新的隐蔽场所取食为害。成年树受害后期往往表现部分枯萎和顶冠变褐甚至植株死亡。通常幼树和不健康树更容易受害。棕榈科的一些生理或非生理性病害，叶片也往往出现褐色、皱缩的被害状，但表皮无虫道破裂，也没有虫体排泄物，可以和椰心叶甲为害状加以区别。

（1）椰心叶甲在国外的传播和为害

在印度尼西亚的南苏拉威西省，椰子种植的土壤条件不好，人工管理也差再加上有粉虱的感染，因此，极易受到椰心叶甲的侵害。有时椰心叶甲与粉虱、金龟子和象甲一起为害椰树，严重时导致树木死亡，轻者多年不结果。在以后的几年里，椰心叶甲波及到爪哇岛，某些地区有 10%~15% 的椰树受到感染。在所罗门群岛，由于椰树受椰心叶甲为害，不到 10 年，损失达 6.5 万英镑。椰心叶甲 1975 年发现由印度尼西亚传入中国台湾，1976 年统计受害苗约为 4 000 株，而 1978 年受害植株仅恒春已达 4 万株以上。

椰心叶甲于 1911 年在澳大利亚北部的托雷斯海峡的莫阿岛发现；1977 年发现于昆士兰州的库克敦，之后便传到约克角半岛、印利斯菲尔和凯恩斯；1979 年 12 月发现于北部地区的达尔文，澳大利亚政府采取种种措施，试图限制和根除，然而，到 1981 年，事实证明：该虫已经在当地成功的定殖了。

1961 年法属波利尼西亚的塔西提岛发现椰心叶甲为害，并迅速遍布整个群岛。1981 年椰心叶甲在 Tubuai 岛猖獗为害，1983 年在 Rurutu 岛和 Rangiroa 岛大暴发，导致巨大经济损失。

椰心叶甲于 20 世纪 70 年代早期传入美属萨摩亚的图伊拉岛，于 1979 年由美属萨摩亚传入西萨摩亚的乌波卢岛，当发现该虫时，该虫已扩散至很多地区，将其根除已不可能，其已经开始向萨瓦伊岛扩散，共造成椰子产量损失 50%~70%。

1999 年，马尔代夫从马来西亚和印度尼西亚引进棕榈时传入椰心叶甲，2000 年以后，对近 9 000 株椰子树进行了施药防治，并拔除和烧毁了许多椰子苗。几年前，越南引进观赏棕榈时传入椰心叶甲，2001 年椰心叶甲感染越南南部所有 21 个省 15 万 hm² 的 100 万多株椰子树，2003年8月扩散至30多个省约600万株椰子树。在当地用杀虫剂已不能有效控制椰心叶甲的传播。

（2）椰心叶甲在国内的传播和为害

在我国，椰心叶甲1975年传入台湾，1991年传入香港，1999年以来，在大陆口岸检验检疫部门被屡次检获。2002年发现该虫在海口市自然界定殖，现已扩散蔓延至海南、广东、广西、福建、云南等地的许多县市。

中国科学院动物研究所利用生态位模型对椰心叶甲在中国的潜在分布区进行了预测，椰心叶甲在中国的潜在分布区主要集中于华南和华东地区；分析结果还表明，东南亚和南亚也存在广大的适生区，即越南、老挝、泰国、缅甸、印度、柬埔寨等，这将对我国的广西、云南两省（区）及西藏南麓局部区域构成威胁。

四、生物学习性

1. 生活史

椰心叶甲每年发生3~4代，在海南一年发生4~5代，每个世代需要55~110天，其中卵期3~5天，幼虫期30~40天，预蛹期3天，蛹期5~6天，成虫羽化2~8个星期后开始产卵。成虫寿命超过220天，世代重叠现象较明显。幼虫龄数为3~6龄，随地区不同而异，在西萨摩亚群岛幼虫龄数为4龄。

2. 生活习性

椰心叶甲喜食棕榈植物心叶部分。成虫羽化2~8周后，开始交配产卵，一生交配多次，交配时间以傍晚居多。每头雌虫一生可产卵120粒左右，最多达196粒，卵产于心叶的虫道内，通常3~5粒卵呈一纵列粘着于叶面，周围有取食的残渣和排泄物。在叶片上成虫产卵的位置首选叶基部，其次是叶边沿，最后选叶中部。极少重复产卵于同一地方，一般选择间隔较远的地方产卵，最少间隔3.3~4.3cm。

成虫和幼虫均具有负趋光性、假死性，喜聚集在未展开的心叶基部活动，见光即迅速爬离，寻找隐蔽处。成虫具有一定的飞翔能力，常在早晚飞行，迁飞最活跃时间是下午16:00~19:00，白天多缓慢爬行。由于成虫期较长，因此，成虫的为害远远超过幼虫。通常成虫3~5天、高龄幼虫7天不取食仍能存活。成虫及幼虫常聚集取食，喜欢为害3~6年生棕榈科植物，取食寄主未展开的心叶表皮薄壁组织，形成与叶脉平行的狭长褐色条斑。心叶展开后呈大型褐色坏死条斑，有的叶片皱缩、卷曲，有的破碎枯萎或仅存叶脉，被害叶表面常有破裂虫道和排泄物。成年树受害后常出现褐色树冠，严重时，整株死亡。幼树和不健康的树易受害。

五、发生规律

伍筱影等研究了温度对椰心叶甲生长发育的影响，表明椰心叶甲同一虫态的发育历期随温度的升高而减少，与温度成显著负相关。在 16℃ 条件下，椰心叶甲完成一个世代要 193.5 天，而在 28℃ 下，完成一个世代发育只需要 57.6 天，两者相差近 4 倍，说明温度对椰心叶甲的发育历期及一年的发生代数影响显著。钟义海等对椰心叶甲各虫态在不同温度下的发育历期和发育速率、发育起点温度、有效积温及存活状况进行了详细的研究，结果表明，椰心叶甲世代发育起点温度为 11.08℃，有效积温为 966.22℃，在海南省 1 年发生的理论代数为 4~5 代；温度过高对虫卵的孵化影响极大，超过 32℃ 时，卵不能孵化；16℃ 低温条件对椰心叶甲的生长发育有抑制作用，而 32℃ 高温有致死作用；20~28℃ 为该虫的生长适温区。椰心叶甲的各虫态随苗木或其他载体进行远距离传播，成虫可飞行逐渐扩散，存活率高。初步研究结果表明，雌成虫单次可飞行 200m 左右，雄成虫单次可飞行约 100m。从疫区调运棕榈科植物苗木，若未经处理，椰心叶甲的存活率较高。在秋季，采下大王椰子初展心叶 10 天后，其中，幼虫、蛹、成虫存活率仍在 60% 以上。据资料记载，从国外或我国台湾传入我国大陆和海南的椰心叶甲是借助于棕榈科植物种苗的运输。

海南岛属于热带岛屿季风气候，气候环境条件适宜，为椰心叶甲的入侵、定居与扩散提供了有利条件。椰心叶甲的成幼虫均生活在棕榈科植物幼嫩心叶内，其小环境稳定，这对各个虫态的存活和种群发展有利。由于台风能增大椰心叶甲的飞行距离，所以，台风有助于椰心叶甲的扩散和传播。

棕榈科植物食叶类害虫种类及数量均较少，椰心叶甲在资源生态位上缺乏有力的竞争对手，易于侵入，而一旦传入，即会占据并充分利用这个资源生态位（心叶），进一步发展种群、定居并扩散。棕榈科植物上动物群落物种多样性较低，群落结构简单。尤其是人工种植的棕榈林生态系统，经常受到外界因素的干扰，物种间难以建立稳定的密切关系。由于新的生态环境中缺乏有效抑制椰心叶甲的天敌，椰心叶甲入侵后极有可能暴发成灾。

六、防治技术

椰心叶甲目前的防治方法包括：①化学防治，主要采用喷雾、淋灌、注射、埋药等方法；②物理防治，在面积小疫树少的小疫点，采取砍伐销毁染虫株，剪除并烧毁带虫心叶的做法；③生物防治，包括寄生蜂、病原微生物和生物农药等。

1. 检疫防治

在调运绿化苗木的过程中要严格检查和检疫，发现有虫苗木要及时进行药剂喷洒，不得调运。同时对经过检疫无虫的苗木出具检疫证方可调运。对于来自疫区而检疫未发现椰心叶甲各虫态的，可准予试种一段时间，并加强后续监管监测。试种期间尽量与其他棕榈植物隔离。

现场检疫主要检查未展开和初展开心叶的叶面和叶背是否有椰心叶甲为害状及成虫和幼虫存在；同时检查装载容器如集装箱、纸箱等箱体有无此虫。进口的成树有的高达 7~8m 甚至 10m，一般以开顶集装箱装运，查验时应逐株实施检疫。现场未发现成虫和幼虫的，剪取带症叶回室内检查是否有卵。对于发现成虫或幼虫的货柜应立即进行封柜处理，防止椰心叶甲飞散。将截获的可疑成虫、幼虫和蛹带回室内进行鉴定；并在双目解剖镜下仔细检查从现场剪取的心叶是否带卵，一经发现，再作进一步鉴定。

2. 物理防治

对面积小疫树少的小疫点，采取根除措施，将染虫株或染虫区内所有的疫树全部砍伐销毁，并对周围的棕榈科植物进行施药。由于椰心叶甲只取食未展开和初展的心叶，且产卵和化蛹也均在其折叠的叶内，剪除并烧毁带症心叶可有效降低虫口密度。

为了使这种措施有效，必须要一次性地大面积实施行动并且要经常性地采取这种措施。3~6 年的椰树可以承受半年失去一片叶子，但更小的椰树却不能，因为这样会影响它们的生长速度。虽然这种方法有一定的效果，然而花费太大并且不能很大程度地影响此虫的种群数量。剪除受害叶后最好结合施用杀虫剂。对国内各地已经引进的棕榈科植物进行深入调查，如发现有椰心叶甲为害，立即销毁。

3. 选育和利用抗虫品种

不同的椰树品种对椰心叶甲具有不同的抗性。在所罗门群岛的伦内尔岛，有一个叫"Rennell"品种很少受到椰心叶甲为害。在非洲科特迪瓦和斐济也有椰树品种具有高抗性。在西萨摩亚，测试 6 个品种中有一品种对椰心叶甲具有高抗性。

4. 化学防治

椰心叶甲爆发初期，作为应急措施，通常采用喷药方式进行防治。目前，国内推荐的常用化学药剂主要有氯氰菊酯、阿维菌素、啶虫脒等。喷雾施药可迅速压低虫口密度，操作较方便。但是因椰心叶甲在棕榈科植物的矛状的新叶内为害，药剂很难触及靶标害虫，且在高大棕榈植物上喷雾施药有诸多困难。为了达到更好的防治效果，喷雾施药往往需要多次间隔施药。这样容易造成成本的增加和环境的多次污染。

为了减少环境污染和更有效的控制椰心叶甲，科研人员在施药方法上做了相关研究。赵志英等（2003）选用了具有胃毒、触杀及内吸传导作用的 5 种药剂对高杆椰树进行茎干注射和根部埋药防治椰心叶甲试验。理论上讲，茎干注射和根部埋药防治椰心叶甲，操作相对方便，是一种非常理想的施药方法。但具有胃毒、触杀及内吸传导作用的药剂如甲胺磷、灭多威等效果却较差，原因可能是椰子的输导组织有其特殊性，药液部分被分解或未能较好地被送到心叶。此外，注药后，茎干上的注药孔口有药液渗出也是影响防治效果的原因之一。与椰子树相比，打孔施药法对大王椰上的椰心叶甲具有明显的防治效果（郑常格等，2010），这表明不同的棕榈科植物生理上存在差异，进而影响农药防治靶标害虫的效果。所以，如何提高达到心叶的有效药量是使用该方法的关键。为探寻出最有效的药剂、最适浓度、用量和注孔深度等，应进行深入的探讨。新加坡学者也做过类似研究，其研究结果表明，吡虫啉较呋喃丹和阿维菌素无论是注射还是根埋都有较好对控制作用，但是喷雾法最有效。

挂药包法防治椰心叶甲是世界粮农组织推荐措施之一。在20世纪90年代，呋喃丹挂药包曾在马来西亚用于防治椰子害虫。目前，在海南挂药包药剂多为椰甲清粉剂（杀虫单和啶虫脒复配制），含触杀性药剂和内吸性药剂成分（张志祥等，2008）。该粉剂具有渗透性强、内吸性好及持效期长等特点。药剂可以通过降雨淋溶直接触杀害虫或内吸进入心叶，药效缓慢释放，可持续4个月左右。对于植株高大的椰子树，挂包防治法比较适宜。不足之处在于海南岛10月到3月降雨较少，药剂不能发挥药效，需喷水车淋水来提高药效，增加了防治成本。药剂防治很难做到完全杀灭害虫，药效期过后，残留的椰心叶甲可能再次爆发为害。而且长期使用同种农药防治椰心叶甲有可能造成其抗药性，加大防治的难度。

5. 生物防治

由于椰心叶甲取食未展开心叶的表皮，钻入叶片中间，化学药剂虽然速效性好，但不好接触到害虫，树木高大时施药又十分困难。化学防治还会带来害虫抗药性，化学药剂残留等问题。当椰心叶甲大发生的时候化学防治和物理防治方法都不能起到很好的效果。所以，从长远的角度来看，要想较好的控制椰心叶甲的为害，必须采取以生物防治为主的办法。

椰心叶甲的天敌有寄生性天敌、捕食性天敌和病原微生物（表30-1）。目前应用较为成功的为其中的3种，分别为椰心叶甲啮小蜂（*Tetrastichus brontispae*），椰甲截脉姬小蜂（*Asecodes hispinarum*）和绿僵菌（*Metarhizium* spp.）。被利用的天敌还有垫跗螋 *Chelisoches morio*（F.）、椰心叶甲刺角赤眼蜂 *Haeckeliania brontispae*（Ferriere.）、椰心叶甲尖角赤眼蜂 [*Hispidophila brontispae*（Ferriere.）]、黄猄蚁 *Oecophylla smaragdi na*（Fab.）、凹缘跳甲卵小蜂 *Ooencyrtus podontiae* Gah.、相似铺道蚁 *Tetramorium simillimum*、爪哇分索赤眼蜂（*Trichogrammotidea nana* Zhut.）、椰实蠼螋及蚂蚁、树蛙和壁虎等。

表 30-1　椰心叶甲的天敌种类

天敌种类	分类地位	捕食、寄生或感染虫态	分布国家或地区
椰甲截脉姬小蜂 *Asecodes hispinarum*	姬小蜂科	幼虫	巴布亚新几内亚、西萨摩亚、越南（引进）、中国（引进）
青背姬小蜂 *Chrysonotomyia sp.*	姬小蜂科	幼虫	巴布亚新几内亚、西萨摩亚
椰心叶甲尖角赤眼蜂 *Hispidophilabrontispae*（Ferriere）	赤眼蜂科	卵	马来西亚、印度尼西亚（爪哇、苏拉威西）
椰心叶甲卵跳小蜂 *Ooencyrtus pindarus*	跳小蜂科	卵	马来西亚、印度尼西亚
椰心叶甲啮小蜂 *Tetrastichus brontispae* （Ferriere）	姬小蜂科	幼虫、蛹	印尼（爪哇）、印度尼西亚（苏拉威西，引进）、中国（引进）、美属萨摩亚（引进）、关岛（引进）、马里亚纳群岛（引进）、新喀里多尼亚（引进）、巴布亚新几内亚（引进）、社会群岛（法属波利尼西亚，引进）、所罗门群岛（引进）、瓦努阿图（引进）、西萨摩亚（引进）、澳大利亚（引进）
爪哇分索赤眼蜂 *Trichogrammatoidea nana* （Zehntner）	赤眼蜂科	卵	巴布亚新几内亚、印尼（爪哇）、所罗门群岛（引进）、斐济（引进）
垫跗螋 *Chelisoches morio* （Fabticius）	革翅目	幼虫、蛹	新喀里多尼亚、瓦努阿图、西萨摩亚、中国
黄猄蚁 *Oecophylla smaragdina* （Fabticius）	膜翅目	幼虫、蛹	所罗门群岛
褐大头蚁 *Pheidole megacephala* （Fabticius）	膜翅目蚁科	幼虫、蛹	新喀里多尼亚
相似铺道蚁 *Tetramorium simillimum* （F.Smith）	膜翅目蚁科	卵	澳大利亚
球孢白僵菌 *Beauveria bassiana* （Bals.）Vuillemin	真菌	幼虫、蛹、成虫	新喀里多尼亚
绿僵菌 *Metarhizium anisopliae* var. *anisopliae*（Metschn.）	真菌	幼虫、蛹、成虫	澳大利亚、西萨摩亚、中国台湾、新喀里多尼亚、美属萨摩亚、瓦努阿图、中国

寄生性天敌（前六行）、捕食性天敌（中四行）、病原物（后两行）

（1）椰心叶甲啮小蜂

椰心叶甲啮小蜂（*Tetrastichus brontispae* Ferrière），又名椰扁甲啮小蜂，属膜翅目小蜂总科姬小蜂科啮小蜂亚科啮小蜂属（*Tetrastichus*），是椰心叶甲蛹的重要内寄生蜂，原产于印度尼西亚的爪哇岛，现已被所罗门群岛、新喀里多尼亚岛、塔希提岛、关岛、澳大利亚、萨摩亚群岛和中国台湾等国家或地区引进应用控制椰心叶甲，取得良好效果。

椰心叶甲啮小蜂可以寄生椰心叶甲的老熟幼虫和蛹，但以寄生初蛹为主。每个寄主体内产很多卵，幼虫就生活在寄主体内，经20天左右羽化成蜂。每个寄生蛹平均出蜂量超过20头。出蜂量受温度影响，16℃出蜂率只有55%左右，20~28℃时出蜂率超过93%。另外椰心叶甲啮小蜂的寄生率也受温度影响较大。16℃时的寄生率为41.67%，30℃时的寄生率为70%，20~28℃时寄生率都在96%以上。

我国于2004年将椰心叶甲啮小蜂从台湾科技大学引入海南。在田间对椰心叶甲蛹的寄生率约85%左右，每一代（约20天）能扩散1 000m，扩散高度达12m，防治效果较好。

（2）椰甲截脉姬小蜂

椰甲截脉姬小蜂（*Asecodes hispinarum*）属膜翅目小蜂总科姬小蜂科凹面姬小蜂亚科（＝灿姬小蜂亚科）截脉姬小蜂属（*Asecodes*），原产地在西萨摩亚和巴布亚新几内亚，是椰心叶甲的4龄幼虫寄生蜂，与椰扁甲啮小蜂在防治椰心叶甲的利用上有互补性。Viet（2004）的研究表明在28℃时，椰甲截脉姬小蜂世代平均历期17.0天，雌蜂寿命3.4天，雄蜂寿命4.1天；自然条件下寄生椰心叶甲2~4龄幼虫，但主要寄生四龄幼虫，强迫条件下可寄生椰心叶甲各龄幼虫及蛹。

椰甲截脉姬小蜂发育历期较短，28℃左右从产下卵到羽化出蜂一共只需15天左右的时间，16℃下发育则会延长到49.3天。一年发生多代。一头寄主可被多头寄生蜂寄生，寄主出蜂量大。一条被寄生的僵死的幼虫最多出蜂量可达140头。其寄生能力也受温度影响较大，28℃以下，寄生率随温度下降而下降，28℃左右为最适合温度。

在联合国粮农组织的支持下，越南2003年4月从西萨摩亚引进此蜂，在椰心叶甲为害严重的南部槟知、沿江等四省释放获得成功，到2004年3月建立种群，并扩散至8km外，对椰心叶甲产生良好的控制作用。

中国热带农业科学研究院于2004年3月将姬小蜂从越南引进到了海南，姬小蜂引进以后进行隔离研究，对其生物学特征、风险性评估等方面研究。至2004年11月初，姬小蜂已饲养繁殖至第九代，完成了安全性评估实验。2004年9月在海口、三亚、琼海、文昌野外释放姬小蜂300万头。至2007年3月，释放姬小蜂达5亿头。大约每平方千米悬挂放蜂器40个，每个放蜂器有即将出蜂的被寄生的椰心叶甲幼虫100头。野外跟踪调查结果表明，姬小蜂对椰心叶甲产生了良好的控制作用，一些椰树上的椰心叶甲高龄幼虫明显减少，椰树的心叶开始恢复生长。研究表明，该蜂在室内对椰心叶甲幼虫的寄生率为70%左右，在田间对椰心叶甲幼虫的寄生率超过40%，田间每一代能扩散约200m，可在高度为10m的椰子树找到此寄生蜂，防治效果良好。

（3）绿僵菌

绿僵菌属真菌门半知菌亚门丝孢纲丝孢目（Hyphomycetales）、丝孢科绿僵菌属（Metarhizium）是一种广谱性的虫生菌，能寄生5个目24个科约200种昆虫，致病性强，但是对人、畜和作物无害。绿僵菌对椰心叶甲的致病可分以下几个步骤：①孢子附着与寄主体表；②孢子在寄主体表萌发；③分泌蛋白酶、几丁质酶、蛋白酶等侵入寄主组织；④侵入组织后，释放毒素杀死寄主。绿僵菌生长中产生的毒素为环状缩肽类毒素——绿僵菌素（destruxins），又称为破坏素（destruxins），对鳞翅目、同翅目、双翅目、直翅目和鞘翅目等20多种昆虫具有毒杀和拒食作用。绿僵菌是一种控制椰心叶甲比较安全有效的昆虫病原真菌，对椰心叶甲幼虫、蛹和成虫均有较强的活性，通过体表或取食作用进入椰心叶甲体内，并在其体内不断增殖和在种群中传播。通过消耗营养、机械穿透、产生毒素杀死害虫。绿僵菌寄生具有一定的专一性和安全性，对人畜无害、不污染环境、无残留、害虫不会产生抗药性。

下面分别介绍一些国家或地区利用绿僵菌防治椰心叶甲的情况。

巴布亚新几内亚。绿僵菌（Metarhizium anisopliae var.anisopliae）首次在图图伊拉岛发现感染椰心叶甲并致死。绿僵菌制剂由西萨摩亚K.J.Marschall有限公司生产，并用于田间防治。西萨摩亚K.J.Marschall有限公司生产（Vaoala/Apia）。

中国台湾。在致病力实验中，当接种浓度为2.15×10^7孢子/mL的绿僵菌（MA-1）孢子悬浮液时，椰心叶甲幼虫、蛹和成虫的死亡率均达到100%。即使孢子浓度为2.17×10^3个/mL时，幼虫死亡率也能达到47%，蛹达到60%。1986、1987年在台湾的屏东县进行了绿僵菌（MA-1）防治椰心叶甲试验，施用3次后未发现有活虫。由于绿僵菌MA-1对氨基甲酸脂类杀菌剂比较敏感，利用紫外光及化学药剂的诱变处理，得到MA-126，与亲本毒性相同且抗杀菌剂。

越南。越南国家植物保护研究所的科研人员正在试验用绿僵菌防治椰心叶甲，用绿僵菌防治椰心叶甲在室内达到极高的死亡率，大田防治已经在越南中部的一些省份展开。

中国。2004年以来，广东省林科院和中国农业科学院农业环境与可持续发展研究所进行了绿僵菌高毒力菌株筛选、生产工艺、剂型及林间使用技术等一系列研究。2005年上半年进行的林间防治试验效果显著，7天后椰心叶甲致死率约为60%，15天后杀虫率达到85%。绿僵菌能够持续控制椰心叶甲种群增长，大面积防治效果显著，病原体通过流行传播、持效和后效明显，相对化学农药它的作用时间较慢。

6.综合治理，分类防治

将生物、化学、机械等单项技术融合起来，发挥各自优势，可达到综合控制椰心叶甲的目的。对不同场所和不同程度的为害可进行分类防治，城镇、景区以挂药包为主，快速灭杀害虫，消除灾害，保护景观，遏制疫情沿路扩散。农村和椰林成片的区域以放蜂为主，辅以绿僵菌防治，为害严重的应挂药包进行急救处置。利用寄生蜂防治椰心叶甲有两种放蜂方法：一是直接释放寄生蜂成虫，这种方法是借鉴台湾和澳大利亚的放蜂方法，即把刚羽化的寄生蜂接入指形管内，用5%的蜜糖水饲喂后，直接将装有寄生蜂的指形管固定于椰心叶甲寄主的叶鞘处，打开指形管放蜂即可；二是释放被寄生蜂寄生的椰心叶甲幼虫或蛹，这种方法是借鉴越南的放蜂方法，通常要制作专门的放蜂器。释放寄生蜂的数量和次数，需根据椰心叶甲的虫口密度而定，通常需要持续放蜂6个月后才会有防治效果。小片疫点和零星分布的椰子树采取挂包全面防治，力争扑灭或实现较长时间的控制。对槟榔树、苗圃花卉和椰子小树实行喷灌农药防治。

总之，要较好的控制椰心叶甲发生为害，首先应把好苗木关，严防其通过苗木、盆景等的调运而传入；一旦传入，必须采取应急措施予以根除，严防扩散蔓延。要严密检测来自疫区的棕榈植物入境，加强毗邻地区虫情监测与防治工作。目前在已经发现椰心叶甲疫情的地区，要组织力量，多采取以生物防治为主的害虫综合治理技术措施，既要坚持使用寄生性天敌和病原真菌为主的生物防治，对一些受害严重的重要树种，也可以利用椰心叶甲敏感高效低毒化学药剂控制其局部的大发生。目前，对于成片棕榈科林木，利用椰心叶甲啮小蜂、椰甲截脉姬小蜂可基本控制椰心叶甲的为害；对于零散（如行道树、园林绿化、林缘）的棕榈科植物，需要探索有效的、新的防治方法。

第三十一章
槟榔黄化病综合防控技术

一、分布与为害

槟榔（*Areca cathecu* L.）是海南省第二大特色经济作物，为棕榈科多年生常绿乔木，位于我国四大南药之首。目前海南槟榔种植面积已达 149.49 万亩，总产量 23.42 万 t，总产值 72.84 亿元，是海南省近 230 万农民的主要经济来源，在海南实施乡村振兴战略、做强做优热带特色高效农业和建设国家生态文明试验区中发挥着举足轻重的作用。

海南槟榔种植业及相关产业的持续发展，提升了农民种植槟榔的积极性，种植面积逐年扩大，槟榔病虫害问题也日益突出，尤其是黄化问题已成为海南省槟榔生产中最严重的限制因素，黄化发生面积约 80 万亩，在琼海、万宁、陵水、保亭、三亚等主栽区均有发生，造成槟榔产量大幅度下降，且扩散蔓延速度快，近 5 年来，每年以 3 万 ~5 万亩的速度扩散，许多农民谈病色变，甚至丧失种植管理信心，黄化灾害逐年加重，轻者减产 10%~20%，重者减产 50%~60%，局部地区造成毁种失收，据不完全统计，每年因黄化病损失 20 亿元以上，严重影响农民的脱贫致富和农村经济的发展。

槟榔黄化病（Arecanut yellow leaf disease，AYLD）1914 年首次在印度的 Kerala 发现。1978 年，印度学者通过电子显微镜在出现黄化症状的槟榔韧皮部中发现植原体（phytoplasma），认为槟榔黄化病是由植原体引起。我国 1981 年在屯昌药材场和万宁南林镇发现黄化病为害，限于当时研究手段的限制，认为该病是一种缺素引起的生理性病害，通过加强田间管理，可以恢复正常。但是随着海南槟榔种植面积的逐渐增加，黄化病在新种植区蔓延发生，为害日益严重。

二、田间症状

中国热带农业科学院环境与植物保护研究所自 1993 年开始对槟榔黄化病进行研究，明确槟榔黄化病在田间主要表现 2 种症状，即黄化型和束顶型。

黄化型（图 31-1、图 31-2）：发病初期，植株下部倒数第 2~4 张羽状叶片外缘 1/4 处开始出现黄化，感病植株叶片黄化症状逐年加重，干旱季节黄化症状更为突出，整株叶片无法正常舒展生长，常伴有真菌引起的叶斑及梢枯；抽生的花穗较正常植株短小，无法正常展开，结果量大大减少，常常提前脱落，减产 70%~80%。解剖可见病叶叶鞘基部刚形成的小花苞水渍状败坏，严重时呈暗黑色，花苞基部有浅褐色夹心；大部分感病株开始表现黄化症状后 5~7 年枯顶死亡。

束顶型（图 31-2、图 31-3）：病株树冠顶部叶片明显缩小，呈束顶状，节间缩短，花穗枯萎不能结果，病叶叶鞘基部的小花苞水渍状败坏。大部分感病株表现症状后 5 年左右枯顶死亡。

图 31-1　黄化型症状

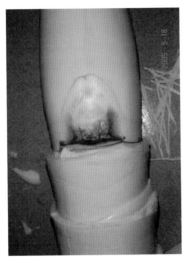
图 31-2　小花苞水渍状败坏

图 31-3　束顶型症状

三、病　原

1. 分类地位

槟榔黄化病的病原为植原体，属于原核生物界细菌域（Bacteria），硬壁菌门柔膜菌纲，无胆甾原体目，无胆甾原体科，植原体暂定属（Candidatus phytoplasma）中的翠菊黄化组。

2. 形态特征

槟榔黄化植原体形态为圆形、椭圆形等多种形态，菌体内有较丰富的纤维状体（即DNA）、细胞核区及较薄的质膜，没有细胞壁，其大小为 180~550nm，单位膜的厚度为 9~13nm（图 31-4、图 31-5）。

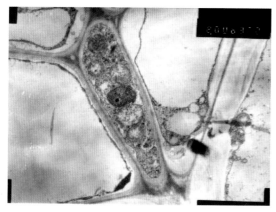
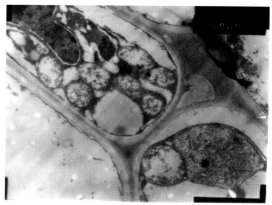

图 31-4　槟榔黄化型筛管内植原体（8 000×）　　图 31-5　槟榔束顶型筛管内植原体（13 000×）

四、发病规律

槟榔黄化病在田间一般表现出明显的发病中心，随后在整个槟榔园内扩展。

国外的研究认为槟榔黄化病的病原可以通过叶蝉和飞虱进行传播，并且在发病植株中也发现有棕榈长翅蜡蝉（*Proutistia moesta*），将棕榈长翅蜡蝉在感病的植株上饲毒30~41天后，在其唾液腺中观察到植原体，而在实验室饲养的和健康槟榔园采集的棕榈长翅蜡蝉的唾液腺中未发现植原体。利用棕榈长翅蜡蝉和无根藤（*Cassiytha filiformis*）进行槟榔黄化病桥接传播试验，结果发现供试的槟榔小苗表现黄化症状，从而进一步证明槟榔黄化病可以通过棕榈长翅蜡蝉和无根藤传播。

五、防控措施

目前尚未有行之有效的药剂防治槟榔黄化病，因此对这种病害必须采取"预防为主，综合防控"的措施。

1. 加强槟榔黄化病发生的监测与预警

开展槟榔种植现状和病害普查，制定槟榔黄化病普查标准，在全省范围内开展槟榔种植面积及黄化病发生情况调查，建立全省槟榔种植和黄化病病情信息数据库，指导病害监测与防控。开展病害的长期定位监测工作，完善海南槟榔黄化病疫情信息共享和预警平台。在各槟榔主要种植区科学设立槟榔黄化病长期定位监测网点，开展黄化病发生动态的实时监测。构建覆盖全省槟榔种植区的槟榔黄化病长期定位监测网、疫情信息共享和预警平台。

2. 消除侵染源

槟榔黄化病发生历史较长、病害严重的地区和种植园，应积极配合政府采取彻底灭除的办法。根据该病害的田间发病特征，结合田间管理加强观察，特别是从发病严重地区引种的槟榔园，如发现槟榔园内有黄化病株，应及时砍伐病株带绿叶部位并烧毁。利用槟榔黄化病快速检测技术，一方面加强检疫，防止该病原在地域间扩散；另一方面彻底清除带毒槟榔植株。

3. 加强槟榔种子种苗检疫检测及健康种苗保障体系建设

建立省级槟榔黄化病检测中心，制定槟榔种子种苗黄化病检疫检测规范：建立健康种苗繁育科技示范基地，完善健康种苗的检测及培育体系，制定槟榔健康种子种苗标准化生产规程，建设全省统一的槟榔优质健康种苗生产基地，制定槟榔种子种苗的调运检疫规程，保障健康种苗的供应。

加强种苗检疫和疑似病株检测：严格把好种果种苗检疫关。槟榔黄化病侵染潜伏期长，苗期染病植株同正常植株无异，在苗期控制较为困难，因此，要一律禁止在病区留种育苗，一律禁止从病区运出植株。植物检疫部门和热作部门要加强协作，共同抓好槟榔种果种苗的检疫关，对不经检疫的种果种苗要坚决制止调运和销售。

4. 加强槟榔园的水肥管理

槟榔园内应保持一定的覆盖，田间除草应采用刀具低砍的方法，长期在槟榔园内使用除草剂，园内土地过于裸露，会影响槟榔树的正常生长，降低槟榔树的抗病能力，影响产量。多施磷肥可以延迟黄化病的发生并提高产量，增施草木灰等农家肥，以提高植株的抗病能力，也可提高健康槟榔树的产量。

5. 根据槟榔黄化病发生程度不同的槟榔园，采取不同的综合防控技术

重病园以全园清除后重新种植无病槟榔种苗、加强病害监测、间套种其他作物以增加土地收益为主；中轻病园以加强病害监测及时清除发病植株、加强肥水管理、林下种养结合和防控疑似传播媒介为主；未发病园以病害监测和种苗检疫、水肥管理、林下种养和防控疑似传播媒介为主。

6. 加强科普宣传力度

通过电台、电视台、网络、报纸、杂志等新闻媒体广泛开展对农民和社会各界的宣传工作，普及槟榔黄化病综合防控知识，提高槟榔黄化病综合防控技术到位率，提高农民对槟榔黄化病综合防控意识。

第三十二章
剑麻斑马纹病综合防控技术

一、分布与为害

剑麻斑马纹病是为害剑麻的主要病害，是剑麻生产中的一种毁灭性病害。1961年坦桑尼亚首先发现此病，造成严重损失。我国1970年首次在广东省东方红农场出现此病，1973年暴发流行，此后在我国广西、海南、福建和云南等地相继发生此病，并连续流行，成为剑麻生产影响最大的病害。

二、症　状

剑麻斑马纹病菌侵害剑麻植株的各部分，引起叶斑、茎腐和轴腐，这三种症状可在同一麻株上单独发生或合并发生，故称斑马纹复合病，发病多数是叶片先感病，进而感染茎、轴，最终整株死亡。

叶斑症状：叶片感染初期出现绿豆大小的褪绿斑点，水渍状，在高温高湿的环境中，病斑扩展迅速，一天内直径可达2~3cm。由于昼夜温差的影响，形成深紫色和灰绿色相间的同心环，边缘淡绿色至黄绿色，呈水渍状。病斑中心逐渐变黑，有时溢出黑色黏液，后期病斑老化时，坏死组织皱缩，形成深褐和淡黄色相间的同心轮纹，呈典型的斑马纹状。即使叶片干枯失水，同心轮纹仍然明显，肉眼易于鉴别。斑马纹叶斑，有时会不规则地出现没有轮纹的病斑。潮湿时病斑上长出一层白色霉状物，即病菌的菌丝体和孢子，天气干燥时，霉状物可因失水而消退。

茎腐症状：病株叶片最初呈失水状，褪色发黄、纵卷，而后萎蔫，下垂；重病株叶片失去膨压，全部下垂至地面，只剩下一根孤立的叶轴。纵剖茎部，病部呈褐色，在病健交界处有一条粉红色的分界线，此后病组织逐渐变黑，腐烂组织发出难闻的臭味，茎腐病株摇动易倒。

轴腐症状（图32-1）：叶斑和茎腐病变向叶轴扩展而成，病株叶片初为褐色，卷起，严重时用手轻拉叶轴尖端，长锥形的叶轴易从茎基部抽起或折断。未展开的嫩叶在叶轴中腐烂，有恶臭味。剥开叶轴可见嫩叶上有规则的轮纹病斑。有时呈灰色和黄白相间的螺旋形轮纹。

图 32-1　剑麻斑马纹病病株和病叶（引自郑金龙）

三、病　原

Wienk 证实，在坦桑尼亚地区剑麻 11648 品系的斑马纹病的病原菌主要为烟草疫霉菌（*Phytophthora nicotianae var. nicotianae*）另槟榔疫霉 *P.arecae*（Coleman）Pethybridge 和棕榈疫霉 *P.palmivora*（Butler）Butler 亦能引起同样的症状。

我国剑麻斑马纹病主要致病菌为烟草疫霉菌（*Phytophthora nicotianae*），属卵菌纲霜霉目腐霉科疫霉属（*Phytophthora*），该菌在固体培养基上气生菌丝旺盛。菌丝粗细不均匀，宽 8.5（5~11）μm。菌丝膨大体有或无，其上有若干条放射状菌丝。孢囊梗（图32-2）简单合轴分支或不规则分支。孢子囊卵圆至近圆形，少数椭圆形，平均长为 47（23~64）μm，宽为 35（18~51）μm，长宽比 1.3（1.2~1.5）。部分孢子囊上有丝状附属物。孢子囊（图 32-3）具乳突，通常 1 个，少数 2 个，乳突大多明显，半球形，平均厚为 5.8（3~8.5）μm，少数孢子囊乳突不明显。孢子囊顶生，常不对称。具脱落性，孢囊柄短，平均为 2.8（0.5~5）μm。排孢孔宽为 5.8（4~8.3）μm。厚垣孢子有或无，顶生或间生，平均直径为 32（18~51）μm。异宗配合，配对培养容易产生大量卵孢子。藏卵器小，球形，壁光滑，基部棍棒状，直径为 26（20~32）μm。雄器围生，近圆形或卵形，高为 10（8~14）μm，宽为 13（10~19）μm。卵孢子满器或不满器，直径为 22（18~28）μm。寄主范围很广。病原菌的最适生长温度为 24~28℃，最适 pH 为 6.0~7.0，最适湿度为 90%~95%，最适光照为 24h 连续光照。

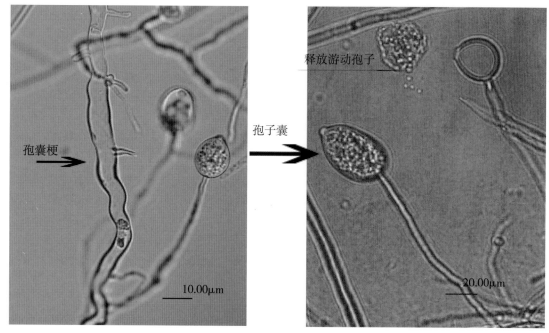

图 32-2　孢囊梗显微特征（郑金龙拍摄）　　图 32-3　孢子囊和游动孢子的显微特征（郑金龙拍摄）

四、侵染循环

　　斑马纹病病田土壤中带有病菌，冬旱期处于休眠状态，5 月以后经过连续降雨，提高了土壤含水量，病菌由休眠转为活跃，出现适当条件时，产生孢子和游动孢子，经雨水、气流和人畜、车辆、农具等进行传播，通过伤口或叶片气孔侵入，几天后产生病斑，形成当年的新病株。病菌在这些株上繁殖增殖，为田间侵染提供大量菌源。整个雨季一批批的麻叶受害，田间菌量很大，遇到合适条件病害开始流行，10 月以后病菌又回到土壤，由活跃转为休眠，如此反复循环，不断蔓延为害。

五、流行规律

　　剑麻斑马纹病，在一个地区或一块麻田的病害流行多数不易突发的，往往有一个从点到面，由轻到重的发生和发展过程。斑马纹病一年中的发病阶段大致可以分为点、片发病，扩大流行和流行势下降 3 个阶段。病害发生流行与气象因素，立地环境、麻龄、品种、栽培管理措施及田间菌量等因素都有一定的关系。根据定点观察的结果，一年中病害发生发展的规律，新老病区有所不同。新发病区始病期迟，7 月以前只在少数麻株上发现，8 月以后病株增多，9—10 月病情急剧上升并出现大批茎腐、轴腐植株，达到流行高峰；10

月以后病势下降，不出现新病株，只是流行期感染病的植株还会发展为茎腐、轴腐。往年发过病的田块始病期出现早，4月就开始发病，6—7月进入流行期，直到10月。

六、防治技术

1. 选育抗病品种

剑麻不同品种对斑马纹病的抗性差异非常明显，利用抗病良种是防治斑马纹病最经济、有效的措施。抗病品种可通过引种、杂交育种、系统选育、转基因和人工诱变等途径获得。

国外剑麻杂交育种工作始于20世纪30年代，经过22年的努力，东非坦噶尼喀剑麻研究站育成丰产较耐寒的 H.11648，后引入我国一直作为主栽品种。坦桑尼亚曾推广种植高产良种 H.11648，由于斑马纹病的影响，再加上投入不足、管理粗放，至今推广面积不超过植麻面积的5%；国外科研机构除了培育出高产品种 H.11648，也培育出抗病杂种 H.67041，选育出了比普通剑麻产量更高的剑麻希氏新变种等。同时还选出了一些具有优良性状的杂交亲本和杂交品系，如抗斑马纹病的莱氏龙舌兰麻，纤维率很高的维里迪斯麻等。目前，国外剑麻栽培品种主要以普通剑麻和灰叶剑麻为主，自20世纪70年代以来其育种工作停滞不前。

我国剑麻育种工作起步较晚，20世纪70年代开始，广东省国营东方红农场、广西亚热带作物研究所、中国热带农业科学研究院南亚热带作物研究所都进行了抗病育种研究。他们用 H.11648 × 普通剑麻，通过有性杂交选育出剑麻新品种——粤西114号，抗病性较强但产量有所下降，这个品种现用于斑马纹病病区补植。H.11648 × 普通剑麻这一组合选出的还有东16号。番麻 × H.11648组合选出一些具有较好性状的如东368号、广西76416号。粤西114号 × H.11648杂交组合，经多年筛选和培育，获得优良性状较为理想的南亚1号、南亚2号剑麻新品种。

就辐射育种而言，20世纪70年代开始，华南地区的植麻农场和科研单位就开展了剑麻辐射育种工作，从中筛选出一批辐射品种，其中的桂辐四、金丰一号、金丰二号等品种具有较高的抗性和产量，银边东1号则具有很好的观赏价值。但经进一步观察表明这些品种的综合性状都明显劣于东1号，更不如 H.11648。

就无性系选育而言，主要是进行大田优良单株筛选。20世纪80年代，广东省东方红农场剑麻研究所开展了一些工作，筛选出的优异单株有东5号、东10号等，这些品种除其叶片稍粗大外无其他特别优点，因而该项工作亦未能坚持下去。

2. 农业防治

设专职技术人员管理。麻岗应实行专人管理，技术管理人员对从事剑麻工作的人员进行技术培训，使他们对剑麻栽培管理、剑麻斑马纹病的症状、发生流行规律及为害的严重性有足够的认识,要求在岗人员尽职尽责搞好麻田的管理工作。

建立无病苗圃。苗圃地应选择在土壤疏松,阳光充足,靠近水源,远离病麻田、牛栏或剑麻加工场的地块。培育无病苗。无病苗圃的种苗,必须选择无性优良单株(周期长叶600片以上)的株芽苗培育成繁殖母株,建立繁殖圃,从繁殖圃育出来幼苗或直接用无性优良单株的株芽苗进行培育。杜绝在生产麻田采集走茎苗培育。

开好三沟。麻田定植完毕,应立即开好排水沟、防冲刷沟和隔离沟,防止大雨淹没麻田或流水冲刷。坚持每年雨季前检查"三沟"畅通情况,若有破损的地方,应及时进行维修。

合理施肥。不偏施氮肥,做到氮、磷、钾、钙、镁等各种元素的协调施用。若施用麻渣或垃圾肥,必须通过堆沤,充分腐熟后才能施用。施用时必须穴施,并回土覆盖,忌用小行间覆盖。

加强抚育管理。麻田要坚持及时中耕除草,消灭荒芜。特别是幼龄麻,由于植株小,叶片较接近土壤,通透条件差,湿度大。若管理不及时,容易发生斑马纹病。幼龄麻管理,无论是除草、培土或是割叶,必须在晴朗天气进行,减少病菌从伤口侵入的机会。忌雨天在麻田作业。

及时处理病株。雨季派人经常检查麻田情况,若发现病株,应选择在天气晴朗时进行处理,挖除病株烧毁,在病穴喷2%的硫酸铜液或病穴周围喷1∶1∶1000的波尔多液。

作物间作套种技术。① 间作热研柱花草、日本青回田的生物量最大,可增加大量有机质,间种大豆、花生成熟期大量落叶和根瘤菌固氮,均可培肥地力。② 在剑麻管理做到间种作物培肥地力后,便及时调整施肥措施,如减少氮肥的投入,控制徒长,提高抗性,并降低生产成本等。

3.化学防治

化学药剂防治只限于发病的田块,剑麻斑马纹病大田药剂筛选实验结果表明:90%疫霉灵(又名三乙膦酸铝、乙磷铝)可湿性粉剂45~90倍液、68%金雷(含甲霜灵4%,代森锰锌64%)水分散粒剂100倍液、55%敌克松可湿性粉剂200倍液和70%甲基托布津可湿性粉剂400倍液对剑麻斑马纹病的防治效果较好,防效可达90%左右。

七、附 件

1.剑麻斑马纹病病情分级标准

剑麻斑马纹病病情分级标准按中华人民共和国农业行业标准 NY/T 222—2004《剑麻栽培技术规程》中的附录C的规定执行。

按0~3级分级法对叶片发病情况进行评定,标准如下。

0级——无病斑。

1级——叶片出现病斑。

2级——叶片基部出现病斑。

3级——茎腐或轴腐。

病情指数（DI）=[$\sum$（$Ni \times i$）/（$3M$）] $\times$ 100。

式中：Ni 为第 i 病害级的麻苗数；i 为病害级别；M 为调查总麻苗数

2. 病情严重度划分标准

接种 15 天后，按 0~5 级（图 32-4 至 32-9）分级法对叶片发病情况进行评定打分，标准如下。

图 32-4　病情 0 级
（郑金龙拍摄）

图 32-5　病情 1 级
（郑金龙拍摄）

图 32-6　病情 2 级
（郑金龙拍摄）

图 32-7　病情 3 级
（郑金龙拍摄）

图 32-8　病情 4 级
（郑金龙拍摄）

图 32-9　病情 5 级
（郑金龙拍摄）

0 级 = 无可见病斑。

1 级 = 1%~20% 叶片面积为病斑。

2 级 = 21%~40% 叶片面积为病斑。

3 级 = 41%~60% 叶片面积为有病斑。

4 级 = 61%~80% 叶片面积为病斑。

5 级 ≥ 80% 叶片面积为病斑。

第三十三章

剑麻茎腐病综合防控技术

一、分布与为害

剑麻茎腐病是除剑麻斑马纹病外，对剑麻为害最大的真菌性病害。该病首先发生于坦桑尼亚的普通剑麻上，是坦桑尼亚普通剑麻上的最重要病害。我国于 1987 年在广东省的一些国营农场发现此病，1987—1988 年雷州半岛植麻区因该病死亡 20 多万株（折合 850 亩），直接损失纤维 250t，折合人民币 70 多万元，给植麻区造成重大经济损失，此后在我国广西、海南、福建和云南等地相继发生此病，并连续流行，成为剑麻生产影响最大的病害之一。

二、症　状

剑麻茎腐病多发生在旺产期后的中老龄麻。根据扩展快慢可将病斑（集中在叶片基部，见图 33-1）分为急性和慢性两个类型。

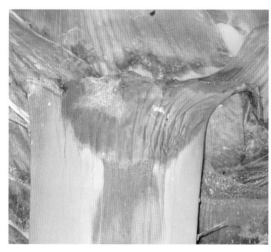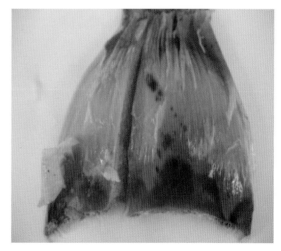

图 33-1　剑麻茎腐病发病症状（郑金龙拍摄）

急性型：病斑初期呈浅红色，然后变浅黄色水渍状，病组织腐烂，并有大量浊水溢出。病菌通过叶基入侵茎部后再纵横向扩大侵染，致茎部组织腐烂，严重时叶片失水、凋萎（下垂叶片的基部呈红色），植株死亡。病组织初期有发酵酒酸叶，后期腐烂变恶臭。叶基病斑后期失水变黑褐或灰白色（疏松无肉汁），表面有大量黑色孢子产生。纵剖茎，可见，病健交界处有明显的红褐色交界线。

慢性型：病斑黑褐或红褐色水渍状，扩展慢，一般不易造成植株死亡。

三、病　原

剑麻茎腐病的病原菌为黑曲霉菌（*Aspergillus niger* Van.Teigei），属半知菌亚门丝孢纲丝孢目曲霉属（*Aspergillus*）。分生孢子头灰黑色、碳黑色，球形，辐射状，直径300~1 000μm，或边缘裂开呈辐射状的圆柱体。分生孢子梗无色或顶部黄色至褐色，直立，具隔膜，大小为（200~400）μm×（7~10）μm，大型者长数毫米，宽达20μm以上。分生孢子头初球形，后变辐射状，黑色。顶囊球形，近球形，直径为20~50μm，大型的可达100μm，无色或黄褐色。产孢结构两层排列，常呈褐色至黑色。顶层孢梗长瓶形，大小为（6~10）μm×（2~3）μm。分生孢子球形，褐色，初光滑后变粗糙或具细刺，有色物质沉淀成瘤状、条状或环状，直径为2.5~4μm，成链状串生。有时产生菌核。常产生色较浅的突变种。目前尚未发现有性态。病原菌菌落图见33-2，病原菌显微结构图见图33-3。

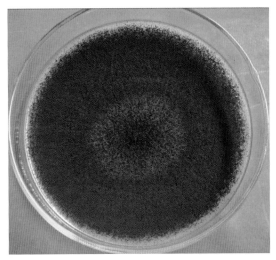

图 33-2　病原菌菌落图（引自郑金龙）

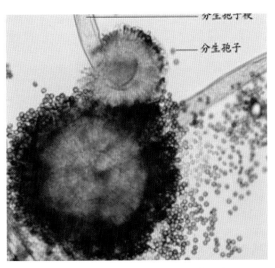

分生孢子梗

分生孢子

图 33-3　病原菌显微结构图（引自郑金龙）

四、侵染循环

黑曲霉菌是一种土壤习居菌，土中到处可见，不存在冬天死亡的问题，同时它又是一种空气真菌。该菌腐生兼寄生。经室内测定，孢子在零下25℃低温条件下处理2h未能致死；14℃左右孢子开始活动，40℃左右生长受抑制。60℃左右可致死；27~28℃在培养基上培养1d可产生孢子。

五、流行规律

剑麻茎腐病病菌主要是气流传播，轻微的空气流动就可以把孢子传送到另一田块的植株上。另外还可水溅传播（指第一、第二刀麻）。经接种叶基割口，在孢子量很少（折算数3个左右）的情况下也能致病，且孢子量的多少与病斑扩展程度无明显相关。病菌侵入途径主要是割口，其次是叶片折口，晴天一般在割叶后1~2天内由新鲜割口入侵，2天后伤口干燥愈合便不再入侵为害。

六、防治技术

1.选育抗病品种

培育和繁殖抗病品种用于大田生产可以有效解决剑麻茎腐病。广东农垦1989年经大田接种测定，发现东12达到中抗水平，但其株形、产量等不及H·11648麻。由于剑麻营养生长期一般是十年以上，有些甚至长达15年以上，且各品种的花期不一致、花粉贮藏不易、品种多为多倍体、F_1代育性差、种子发芽率低、缺少抗源等因素，给杂交育种工作带来很大的困难，目前中外剑麻工作者尚未培育出高抗剑麻茎腐病又具有较好品质的剑麻。

2.农业防治

选择无病壮苗。不得从病区选苗，繁殖苗宜采用株芽苗自繁自育，不宜选用走茎苗作种苗。

种植剑麻地块要选择无病地块。更新麻园不宜连作，要轮作1~2年后再种剑麻。

种植前畦面用石灰撒在地上进行消毒处理。种前的小苗，用甲基托布津或多菌灵1:1 000倍液浸泡进行消毒杀菌处理。坚持起龟背状的畦种植，尽量不用低洼积水地种，周围开深排水沟，避免积水。

施石灰。石灰即能防病，又能增产，且能提高出麻率，故建议大田全面施用，并结合增施有机肥和合理配施其他营养元素，以提高防治效果。石灰应于发病前（即3月前）施用。可均匀撒施于土壤疏松的大小行面上。也可均匀撒施于大行面上然后中耕，还可与有机肥混合沟施，但禁止穴施。一般病田按 0.5 kg/ 株、非病田按 0.25 kg/ 株的用量施用，连施 2~3 年。若麻株抗性提高和土壤 pH 提高到 6 左右，可暂停施，或减少施用量，或改施石灰石粉。此外，钾肥和酸性磷肥的施用要适当控制。

调整割叶期。将病田和易感病田调至低温期割叶。原 6 月前割叶的提前到 3 月 10 日前割叶，原 7 月后割叶的推迟至 11 月中旬后割叶。不要反刀割叶，以免造成更多伤口。病区麻园割叶时要注意交叉感染，先割好株，然后再割病株，割下的病叶要专机专打，麻渣不要施回麻田。

经常检查及时处理病株。麻园一经发现的病株要立即挖除，集中堆放在远离麻园的地方烧毁或深埋，并用石灰对病穴消毒或用多茵灵、托布津 800 倍液对病穴消毒，防治病菌传染。

作物间作套种技术。① 间作热研柱花草、日本青回田的生物量最大，可增加大量有机质，间种大豆、花生成熟期大量落叶和根瘤菌固氮，均可培肥地力。② 在剑麻管理做到间种作物培肥地力后，便及时调整施肥措施，如减少氮肥的投入，控制徒长，提高抗性，并降低生产成本等。

3. 化学防治

病田和易病田于敏感期割叶的应进行药剂防治。于割叶后 3 d 内用 40% 灭病威、25% 多菌灵、50% 咪酰胺锰盐、10% 苯醚甲环唑、40% 硫磺多菌灵和 7.5% 氟环唑乳油喷洒割口，药液用量为 300~375 kg/hm²，均能达到较好的防治效果。

七、附　件

茎腐病分级标准（以株为单位）

级别	分级标准
0	无病
1	叶基割口感病 1~4 个
2	叶基割口感病 5~10 个
3	叶基割口感病 11 个以上
4	叶片凋萎茎腐

第三十四章
新菠萝灰粉蚧综合防控技术

一、分布与为害

新菠萝灰粉蚧 [*Dysmicoccus neobrevipes* （Beardsley）] 属同翅目胸喙亚目粉蚧科洁粉蚧属（*Dysmicoccus*），是中国剑麻最主要的害虫之一。

新菠萝灰粉蚧主要分布在热带，在亚热带地区有少量记载，在生长凤梨科植物的国家和地区都有分布，例如，美国夏威夷、斐济、牙买加、马来群岛、墨西哥、密克罗尼西亚、菲律宾和中国台湾等。新菠萝灰粉蚧 1998 年首次在海南省昌江县麻区发现，为中国外来有害生物。该虫为胎生，若虫及成虫聚集在剑麻的根、茎、叶片部位（图 34-1），刺吸剑麻的汁液为食，以嫩叶为主，影响剑麻的生长发育，其分泌蜜露可引致煤烟病（图 34-2），为害严重时可导致剑麻植株死亡。近年来，该虫在海南、广东剑麻产区暴发为害，产量损失一般为 30%。新菠萝灰粉蚧的主要寄主还有香蕉、椰子、咖啡、番荔枝、菠萝、琼麻、可可、晚香玉以及金合欢属、人心果属、番荔枝属、玉蕊属、藤黄属、椰仁舅属、芭蕉属、仙人掌属、落尾木属、雨树属、可可树属等。

图 34-1　新菠萝灰粉蚧为害叶基部

图 34-2　新菠萝灰粉蚧引起煤烟病

二、形态特征

1. 雌虫

新菠萝灰粉蚧雌虫（图 34-3、图 34-4）呈椭圆形，体外被白色蜡质分泌物覆盖。体长约 2.5~4.5mm，宽约 1.5~2.0mm。触角细索状，着生在头部顶端腹面两侧边缘，共 8节，第一节粗短，第四节近似念珠状，为整个触角最短的节，第八节最长。每节均生有数根细毛，第八节细毛明显多于其他节。喙位于前足的中间，即胸部第 1 节。口针 4 条，里面 2 条较细，另外 2 条较粗，包在其外。这 4 条口针细长而硬，长度可达虫体的长度，卷曲的藏于中、后胸间的特殊口袋中。体侧有 17 对刺孔群，在虫体的背面分布着许多长短粗细不一的体毛。3 对胸足着生于 3 个胸节上，每足由 6 节组成，且每节均生有数根细毛。在前足和中足下方各有一对喇叭状气门，分别为前胸气门和后胸气门。背部具有前背裂和后背裂，如横裂的唇状。在腹面的第四至第五节间有 1 明显腹裂。尾端有 2 根显著伸长的臀瓣刺，肛门位于腹部最后一节，肛环呈圆形，在肛环上有 1 列卵圆形的肛环孔和 6根肛环刺。

图 34-3　新菠萝灰粉蚧雌成虫背面　　　　图 34-4　新菠萝灰粉蚧雌成虫腹面

2. 若虫

新菠萝灰粉蚧若虫有 3 个龄期，初孵化的若虫（1 龄若虫）呈长椭圆形，体色为橘黄色，虫体长约 0.5mm，分节明显。单眼 1 对，红色。触角为 8 节。背部无白色蜡质物，发育至一龄若虫后期，该虫背部有少量均匀的蜡质物分布。二龄若虫其黄褐色变淡灰色加深，随着虫龄增长，体表逐渐被均匀的蜡质物覆盖。在二龄若虫的后期虫体基本呈现灰色。达到三龄若虫时虫体被自身所分泌的蜡质物均匀覆盖。

3. 雄虫

新菠萝灰粉蚧雄虫（图 34-5）比较细长，头、胸、腹部分节明显，体色为褐色，体

长约 1.0mm。触角丝状，着生于头部的顶端，9 节，每节生有长短不一的细毛。头部具有红棕色眼。在其胸部的中部有 1 对翅，有金属光泽，并具有两条明显的翅脉，翅脉处的金属光泽为银白色，其他部位为金黄色。尾部有 2 根特别长的蜡丝，接近尾部处为灰褐色，其他部位为白色。

图 34-5　新菠萝灰粉蚧雄虫

三、生活习性

新菠萝灰粉蚧在晴天时，主要分布在叶片上及叶腋部位，而在阴雨天则聚集在剑麻的叶腋部。该虫一龄期与二龄前期比较活跃，聚集性差，其爬行速度比成虫快。三龄期开始聚集，爬行速度变慢。若虫蜕皮期间会爬行到剑麻叶片的顶部或中间部位进行蜕皮，蜕皮过程从其头部开始，到尾部完全蜕完可持续 1~3 天，蜕皮结束后留下完整的空壳。进入下一龄期的虫体爬到剑麻叶腋部位，进行聚集生活。从 1 龄若虫孵化后第 8~13 天进行第 1 次蜕皮，第 12~25 天开始进行第 2 次蜕皮，第 19~45 天开始进行第三次蜕皮，随后进入成虫期，该虫的雌性成虫不同的个体大小差异很大，聚集性强，行动缓慢，通常聚集在剑麻的叶腋部位，直到产下一代若虫时再次爬到剑麻叶片的中间部位完成产仔，不同的雌虫个体产仔数量差异也很大，少的可产几头，多的可达 170 头。

新菠萝灰粉蚧可以分泌蜜露，并与蚂蚁共生（图 34-6），蚂蚁以该虫分泌的蜜露为食。当用毛笔将新菠萝灰粉蚧轻轻从剑麻上拨下时，蚂蚁会将该虫叼至剑麻植株上，蚂蚁可以起到搬运新菠萝灰粉蚧的作用，是新菠萝灰粉蚧传播的方式之一。同时，蚂蚁对新菠萝灰粉蚧还具有一定的保护作用，在雨来临之前蚂蚁会在剑麻的叶腋部筑起高高的蚁巢，将该虫埋在蚁巢中防止雨水的冲刷。在雨过天晴时，蚂蚁会破坏其巢穴将新萝灰粉蚧露出。虽然蚂蚁对该虫具有一定的保护性，但是大的降水量对新菠萝灰粉蚧的密度有显著的影响，尤其是对一龄若虫的影响特别明显。

图 34-6　新菠萝灰粉蚧与蚂蚁的互惠共生

四、发生规律

1.气候条件

新菠萝灰粉蚧若虫期发育起点温度为 9.47℃，有效积温为 531.29℃；产仔前期发育发育起点温度为 13.25℃，有效积温分别 147.65℃。在 20~32℃范围内新菠萝灰粉蚧各虫态发育历期随着温度的升高而缩短。20℃恒温下，新菠萝灰粉蚧各虫态发育历期显著长于其他温度。36℃条件下该虫虽然可以完成其世代历期的发育，但各虫态发育历期所需时间均有所增长。就整个世代来讲，温度对该虫有一定的影响，20~32℃为该虫的适宜生长发育温度范围。较低或较高的温度使新菠萝灰粉蚧的存活率下降，20~28℃对害虫的存活率有利。在 24℃下新菠萝灰粉蚧 r_m 值最高，瞬时增长速率最快，种群数量增长最大。

新菠萝灰粉蚧为喜湿昆虫，在湿度为 RH85% 的条件下，各发育阶段及世代的生长发育历期最短。高于或低于 RH 85%，该虫各个发育阶段及世代生长发育所需的历期均有所增长，当湿度为 RH55% 时各个发育阶段及世代所需历期均最长。

新菠萝灰粉蚧成虫发生数量明显受气温影响，发生具有季节性，1 月份和 9 月份发生较轻。高峰主要出现在 3—4 月和 11—12 月。5—6 月是产仔高峰期。海南雨季主要出现在 5—10 月，在这个季节害虫为害呈现逐渐下降趋势，10 月份回升，在 12 月份出现第二次高峰。

根据新菠萝灰粉蚧发生的高峰来划分，新菠萝灰粉蚧在海南（儋州）地区全年可发生 5 代，且世代重叠。第一代发生于 2 月下旬至 3 月上旬，第二代发生于 5 月下旬至 6 月上旬，第三代发生于 7 月下旬至 8 月上旬，第四代发生于 10 月上旬，第五代发生于 12 月上旬。各世代各虫态历期随不同季节因温度、湿度等条件的不同而呈现一定差异。

2.寄主植物

新菠萝灰粉蚧在不同的寄主上有明显的选择性，在 7 种主要寄主剑麻、金边龙舌兰、香蕉、仙人掌、金合欢、龙眼、椰子中，明显嗜食剑麻。取食剑麻的新菠萝灰粉蚧发育历期、成虫寿命及繁殖力、存活率等与取食其他寄主存在明显差异。寄主植物单宁酸含量高、可溶性糖含量低、可溶性蛋白质含量低对新菠萝灰粉蚧生长不利。

3.天敌昆虫

新菠萝灰粉蚧有许多天敌。寄生生物包括顶眼金绿跳小蜂 *Aenasius cariocus* Compere，哥伦比亚绿跳小蜂 *Aenasius colombiensis* Compere，灰粉蚧长索跳小蜂 *Anagyrus ananatis* Gahan，粉蚧汉姆跳小蜂 *Hambletonia pseudococcina* Compere。捕食生物包括丽草蛉 *Chrysopa fommosa* Brauer、隐唇瓢虫、弯叶毛瓢虫等。

丽草蛉为新菠萝灰粉蚧的优势天敌，对新菠萝灰粉蚧有明显的控制作用。丽草蛉 1~3 龄幼虫对新菠萝灰粉蚧一龄若虫的功能反应均属 Holling Ⅱ型，日最大捕食新菠萝灰粉蚧一龄若虫量分别为91.0412头、191.1940头和265.3587头，功能反应的参数$\dfrac{a'}{Th}$值分别为85.4367、125.5375、200.4754；丽草蛉二龄幼虫自身密度干扰作用的模拟模型分别为$E=0.460P^{-0.399}$和$E=\dfrac{0.4528}{1+0.2684(P-1)}$，表明丽草蛉二龄幼虫对新菠萝灰粉蚧一龄若虫的捕食作用率随着丽草蛉二龄幼虫自身密度的增大而下降；二龄幼虫的种内干扰效应试验表明随着丽草蛉二龄幼虫密度增大和新菠萝灰粉蚧一龄若虫数量成倍增加，幼虫的捕食作用率下降。

五、防治技术

1. 农业防治

防止蚂蚁进入田地，可达到控制粉蚧数量的效果。田地保持清洁。

2. 生物防治

利用或释放优势天敌丽草蛉控制新菠萝灰粉蚧，采用有利于昆虫天敌繁殖的农业栽培措施，选择对昆虫天敌低毒的农药，合理少施农药，保护及利用昆虫天敌。

3. 化学防治

根据新菠萝灰粉蚧喜凉喜湿的特性，对害虫的发生进行预测预报，并适当使用化学防治。有效新菠萝灰粉蚧的防治化学药剂：4.5%氯氰菊酯600倍液、40%速扑杀600倍液、40%机油乳油50倍液。

第三十五章
辣椒根结线虫病综合防控技术

一、病害名称

根结线虫病（Root-Knot Nematode Disease）是辣椒的一种重要根部病害，病原主要为南方根结线虫（*Meloidogyne incognita*）。此外，爪哇根结线虫（*M. javanica*）、花生根结线虫（*M. arenaria*）以及象耳豆根结线虫（*M. enterolobii*）也可侵染辣椒。

二、形态识别

南方根结线虫雌雄异体，体型微小，肉眼几乎不可见。雌成虫乳白色，呈梨形，长 350μm~3mm，最大宽度 300~700μm。雌虫会阴花纹弓背显高，线纹较粗，呈波浪状。雄虫无色透明，呈线形，长 600~2 500μm。二龄幼虫呈蠕虫状，具环纹，长 250~600μm，头冠明显，口针纤细，长 9~16μm，中食道球椭圆形，尾有缢缩，透明尾突明显，尾尖钝圆。形态详见图 35-1。

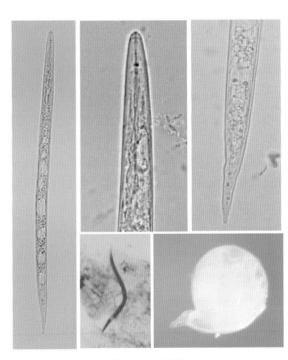

图 35-1　形态

三、分布与为害

南方根结线虫全球范围内分布，可为害辣椒、茄子、番茄、黄瓜等几乎所有栽培蔬菜。发病地块一般减产 15%~20%，严重时可达 70% 以上，甚至绝收。感染根结线虫的辣椒根系产生畸形瘤状结，根系肿大缩短，表皮常有龟裂，严重时变褐色腐烂。地上部植株发病较轻时症状不明显，苗期发病严重时植株矮小，营养发育不良。受害初期症状不明显，中后期表现为生长缓慢，叶片黄化稀疏，干旱时萎蔫枯死。为害状详见图 35-2。

图 35-2　为害状

四、生物学及发生规律

南方根结线虫多在土壤 5~30cm 处生存，聚集在耕作层植物根际周围，主要依靠病土、带病种苗以及人为农事活动传播。根结线虫主要以卵和 2 龄幼虫随病残根组织在土壤中越冬。在适宜的温度条件下（25~30℃），土壤中的卵首先发育成一龄幼虫，随后在卵壳内经历一次蜕皮成为具有移动能力的二龄幼虫。二龄幼虫在土壤中寻找寄主根系，从根尖处侵入并建立取食位点，攫取营养物质从而引起植物发病。取食过程中，雌虫体型逐渐膨大，经历两次蜕皮后，度过三龄、四龄幼虫期，再经历一次蜕皮发育为梨形的雌成虫。雌成虫在尾部形成卵囊，裸露于根表面，后期随病残株残留于土壤中。雄虫四龄后蜕皮成为成虫，恢复至线形并重新具备移动能力进入土壤死去。

五、防治技术

农业防治。选择与禾本科作物轮作，南方地区采用稻菜轮作效果好，长时间淹水能有效杀死土壤中大部分二龄幼虫。及时清理病残株，连根拔除焚烧。夏季高温天气进行闷棚或翻土，利用太阳能消毒杀死线虫。重施腐熟有机肥，基肥中可加生石灰消毒。

化学防治。移栽前土壤撒施 10% 噻唑磷（福气多）颗粒剂，每亩用量 2~3kg。或移栽时用 41.7% 氟吡菌酰胺（路富达）灌根处理。重病温室大棚用棉隆覆膜熏蒸 30 天以上，松土透气充分后移栽种苗。作物生长期发病可用 1.8% 爱福丁乳油灌根。